INVENTAIRE
V 15020

AF463399

FERRET - 1972

THÈSES

A LA FACULTÉ [illegible]

[illegible]

Agrégé de l'Unive[illegible]

THÈSE DE MÉCANIQUE. [illegible]

Suivie d'une [illegible] donnée par la Faculté.

THÈSE D'ANALYSE. [illegible]

Soutenues [illegible]

MM. DUHAMEL, [illegible]

LAMÉ, [illegible]

PUISEUX, Examinateurs.

Paris

IMPRIMERIE DE [illegible]

[illegible]

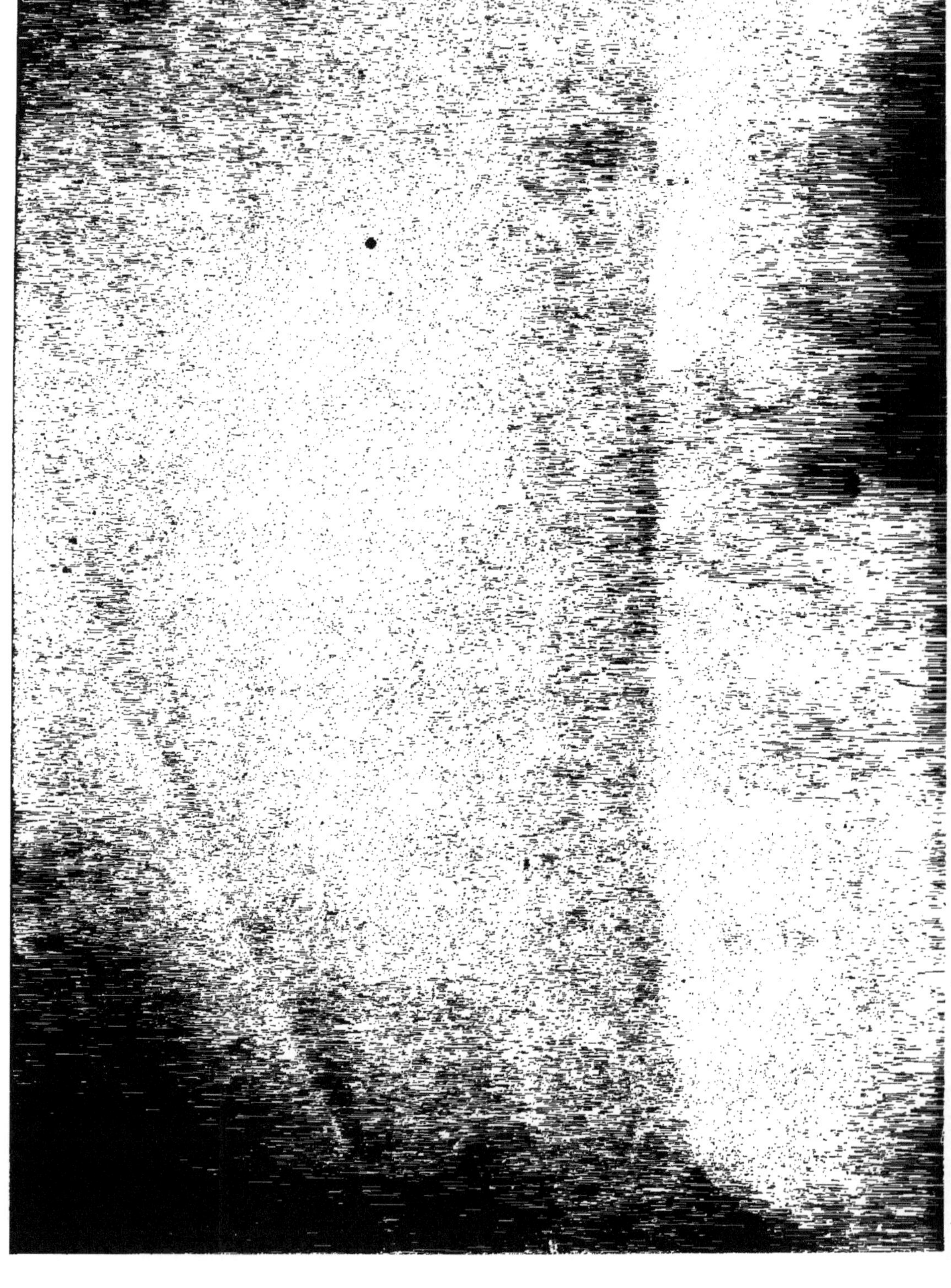

THÈSES

POUR

LE DOCTORAT ÈS-SCIENCES.

6629

V

15020

NW77-20120

©

N° D'ORDRE.

THÈSES

PRÉSENTÉES

A LA FACULTÉ DES SCIENCES DE PARIS

POUR OBTENIR

LE GRADE DE DOCTEUR ÈS-SCIENCES

PAR M. GUIRAUDET

Agrégé de l'Université, Professeur adjoint de Mathématiques au Lycée Saint-Louis

THÈSE DE MÉCANIQUE. — RECHERCHES SUR LE MOUVEMENT D'UN POINT LIBRE RAPPORTÉ A DES COORDONNÉES CURVILIGNES

Suivie d'une Proposition de Mécanique céleste (Attraction des Ellipsoïdes) donnée par la Faculté

THÈSE D'ANALYSE. — APERÇU HISTORIQUE AU SUJET DES PROBLÈMES AUXQUELS S'APPLIQUE LE CALCUL DES VARIATIONS, JUSQU'AUX TRAVAUX DE LAGRANGE

Soutenues le 17 Mars 1856 devant la Commission d'examen

MM. DUHAMEL, *Président*

LAMÉ, } *Examinateurs*
PUISEUX, }

Paris

IMPRIMERIE DE GUIRAUDET ET JOUAUST

338, RUE SAINT-HONORÉ

1856

BIBLIOTHÈQUE IMPÉRIALE

ACADÉMIE DE PARIS

FACULTÉ DES SCIENCES DE PARIS

DOYEN	MILNE EDWARDS, Professeur.	Zoologie, Anatomie, Physiologie.
PROFESSEURS HONORAIRES.	Le baron THÉNARD.	
	BIOT.	
	PONCELET.	
PROFESSEURS.	CONSTANT PREVOST	Géologie.
	DUMAS	Chimie.
	DESPRETZ	Physique.
	N.	Mécanique.
	DELAFOSSE	Minéralogie.
	BALARD	Chimie.
	LEFÉBURE DE FOURCY. . . .	Calcul différentiel et intégral.
	CHASLES.	Géométrie supérieure.
	LE VERRIER.	Astronomie physique.
	DUHAMEL	Algèbre supérieure.
	CAUCHY	Astronomie mathématique et Mécanique céleste.
	GEOFFROY-SAINT-HILAIRE . .	Anatomie, Physiologie comparée, Zoologie.
	LAMÉ.	Calcul des probabilités, Physique mathématique.
	DELAUNAY.	Mécanique physique.
	PAYER	Botanique.
	C. BERNARD.	Physiologie générale.
	P. DESAINS	Physique.
AGRÉGÉS	BERTRAND.	Sciences mathématiques.
	J. VIEILLE.	
	MASSON	Sciences physiques.
	PELIGOT	
	DUCHARTRE	Sciences naturelles.
SECRÉTAIRE	E. PREZ-REYNIER.	

A ma Mère.

RECHERCHES

SUR LE MOUVEMENT D'UN POINT LIBRE

RAPPORTÉ A DES COORDONNÉES CURVILIGNES.

Les importantes recherches de Coriolis sur les mouvements relatifs ont été le point de départ d'un grand nombre de travaux en mécanique. Les considérations introduites par lui des forces apparentes et de la distinction entre des mouvements d'entraînement et des mouvements relatifs ont reçu. depuis, une foule d'applications, surtout dans la mécanique géométrique et dans la mécanique appliquée. Souvent on y trouve avantageux de pouvoir déduire de procédés directs les rapports entre les forces et leurs effets : on se dispense en effet par là de longs calculs; et, de plus, il s'attache presque toujours un véritable intérêt à cette manière d'étudier la question dont on s'occupe sans y introduire aucune considération étrangère, et en se rendant compte, à mesure qu'il se présente, du rôle que joue chacun des éléments que devra renfermer la solution.

On a employé avec succès les considérations géométriques des mouvements d'entraînement et de rotation dans la recherche des accélérations d'un point matériel, lorsque le mouvement se trouve rapporté à d'autres coordonnées que des coordonnées rectilignes, notamment lorsqu'il est rapporté à des coordonnées polaires, soit dans un plan, soit dans l'espace. Je me propose de reprendre ces applications, et de les étendre par le calcul et par des considérations directes, de manière à obtenir des formules générales, relatives à un système quelconque de coordonnées, et qui pourront conduire à quelques conséquences intéressantes.

I

Expressions des accélérations en coordonnées polaires.

Supposons que la position d'un point dans un plan soit rapportée à des coordonnées polaires. On se propose de trouver les expressions, dans chaque position, des forces accélératrices suivant le rayon vecteur et suivant la direction perpendiculaire. On y arrive par des considérations géométriques de la manière suivante :

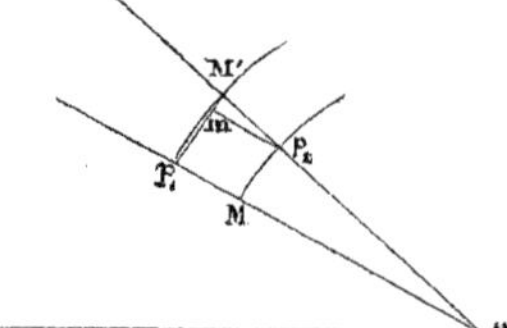

Soit M la position du point matériel à l'époque t, et M' sa position à l'époque $t + dt$; soient r, θ, les coordonnées du point M, et $r + dr$, $\theta + d\theta$, celles du point M'.

Considérons deux points, que j'appellerai m_1 et m_2, parcourant, l'un le rayon vecteur Mp_1, l'autre l'arc de cercle dans la direction Mp_2, avec des mouvements tels que, ayant en M pour vitesses les deux composantes de la vitesse du point mobile, ils atteignent en même temps que lui les deux lignes qui déterminent le point M'. Pour que le point m_1 arrive en p_1 dans le temps dt, il faut l'action d'une force accélératrice $\frac{d^2r}{dt^2}$. Pour que le point m_2 atteigne la position p_2, il faut une force tangentielle $r\frac{d^2\theta}{dt^2}$ et une force centripète $r\frac{d\theta^2}{dt^2}$. Si on veut composer les deux mouvements en tenant compte des vitesses acquises en M, il faut supposer que, tandis que le point m_1 parcourt l'élément Mp_1, cet élément est entraîné dans le sens Mp_2 avec une vitesse égale à la composante de vitesse perpendiculaire au rayon vecteur. Mais ce mouvement d'entraînement doit être influencé par la courbure de l'arc Mp_2; au simple mouvement de translation, qui n'exige l'action d'aucune force, il faut adjoindre une rotation autour du point p_2, de manière à ce que, lorsque le point m_1 atteindra l'extrémité p_2, cette extrémité sera venue en M'. Le chemin parcouru en vertu de cette rotation est mM' ou

$drd\theta$, et le parcours de ce chemin dans le temps dt suppose par conséquent l'action d'une force $2\frac{drd\theta}{dt^2}$ agissant perpendiculairement au rayon vecteur.

Les expressions totales des accélérations seront donc

suivant le rayon, $\frac{d^2r}{dt^2} - r\frac{d\theta^2}{dt^2}$

perpendiculairement au rayon vecteur, $r\frac{d^2\theta}{dt^2} + 2\frac{dr}{dt}\frac{d\theta}{dt}$.

Il est à remarquer, au sujet de ces formules et comme exemple de l'utilité qu'elles peuvent avoir, que la composante perpendiculaire au rayon vecteur a pour expression $\frac{2}{r}\frac{d}{dt}\cdot\frac{1}{2}r^2\left(\frac{d\theta}{dt}\right)^2$, c'est-à-dire, en nommant A l'aire décrite par le rayon vecteur, $\frac{2}{r}\frac{d^2A}{dt^2}$; pa conséquent, si elle est nulle, comme lorsque le mouvement a lieu sous l'influence d'une force centrale, cette aire variera proportionnellement au temps. Si, au contraire, l'autre composante est nulle, comme dans le mouvement d'un point matériel glissant dans un tube rectiligne mobile autour d'un de ses points après avoir reçu une percussion, on aura $\frac{d^2r}{dt^2} = r\frac{d\theta^2}{dt^2}$, et le mouvement le long du tube sera le même que si, à chaque instant, le point était sollicité par une force centrifuge provenant du mouvement de rotation.

Considérons maintenant le mouvement dans l'espace d'un point rapporté à des coordonnées sphériques.

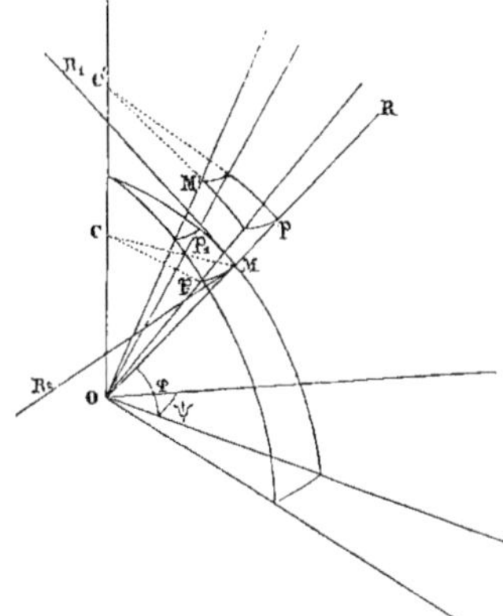

Soient M et M' les positions du point mobile aux époques t et $t+dt$; soient MR

MR_1, MR_2, les directions du rayon, du méridien, du parallèle, directions prises dans le sens des augmentations positives des coordonnées. Nous désignerons par R, R_1, R_2, les accélérations cherchées suivant ces directions.

Considérons encore trois points m, m_1, m_2, se mouvant sur le rayon, le méridien et le parallèle, de manière à ce que les variations des coordonnées correspondantes soient, pendant l'instant dt, les mêmes que celles qui ont lieu dans le mouvement du point M. Ces points, qu'on suppose avoir en M pour vitesses respectives les composantes de vitesse du point M, atteindront les positions p, p_1, p_2, en même temps que M arrivera en M'.

Remarquons que

$$Mp = dr \quad Mp_1 = rd\varphi \quad Mp_2 = r\cos\varphi d\psi$$

et

$$MOp_1 = d\varphi \quad MCp_2 = d\psi \quad MOp_2 = \cos\varphi d\psi. \quad MC'p_2 = \sin\varphi d\psi$$

Pour que le point m arrive en p dans le temps dt, il faut une force $\frac{d^2r}{dt^2}$ suivant le rayon MR. Pour que le point m_1 décrive l'arc du méridien Mp_1, il faut une force tangentielle $r\frac{d^2\varphi}{dt^2}$ suivant MR, et une force centripète $-r\frac{d\varphi^2}{dt^2}$, suivant le rayon MR. Enfin pour que le point m_2 décrive l'arc de parallèle $Mp_2 = r\cos\varphi d\psi$, il faut une force tangentielle $r\cos\varphi\frac{d^2\psi}{dt^2}$ et une force centripète $r\cos\varphi\left(\frac{d\psi}{dt}\right)^2$ dirigée suivant le rayon MC, et qui donne par conséquent une composante $-r\cos^2\varphi\left(\frac{d\psi}{dt}\right)^2$ suivant MR, et une composante $r\sin\varphi\cos\varphi\left(\frac{d\psi}{dt}\right)^2$ suivant MR_1. Ainsi, pour les mouvements simultanés de ces trois points, il faudrait des accélérations

$$\frac{d^2r}{dt^2} - r\left(\frac{d\varphi}{dt}\right)^2 - r\cos^2\varphi\left(\frac{d\psi}{dt}\right)^2 \quad \text{suivant MR};$$

$$r\frac{d^2\varphi}{dt^2} + r\sin\varphi\cos\varphi\left(\frac{d\psi}{dt}\right)^2 \quad \text{suivant } MR_1;$$

$$r\cos\varphi\frac{d^2\psi}{dt^2} \quad \text{suivant } MR_2.$$

Si on veut composer ces mouvements en tenant compte des vitesses en M, il faut supposer que, tandis que chacun des points fictifs décrit l'élément correspondant, cet élément subit un double mouvement d'entraînement.

Tandis que le point m décrit Mp, cet élément dr subit un mouvement d'entraînement suivant Mp_1 avec la vitesse dans ce sens du mobile M, et suivant Mp_2 avec la vitesse correspondante. Mais chacun de ces mouvements d'entraînement doit être influencé par la courbure de l'arc suivant lequel il a lieu, et doit être accompagné d'une rotation. Il y aura donc : 1° dans le plan du méridien, une rotation d'un angle $d\varphi$, faisant décrire à l'extremité p un chemin $drd\varphi$, ce qui suppose une force $2\frac{dr}{dt}\frac{d\varphi}{dt}$ dans le sens MR_1; 2° une rotation dans le plan MOp_2, faisant décrire à l'extrémité p_2 un chemin $dr\cos\varphi d\psi$, ce qui suppose une force $2\cos\varphi\frac{drd\psi}{dt^2}$ suivant MR_2.

De même le mouvement d'entraînement du point m_1 se composera : 1° d'un simple mouvement de translation suivant Mp, sans rotation; 2° d'une translation suivant Mp_2 et d'une rotation d'un angle $\sin\varphi d\psi$, faisant décrire à l'extrémité p_1 un chemin $rd\varphi\sin\varphi d\psi$, ce qui suppose une accélération $-2r\sin\varphi\frac{d\varphi d\psi}{dt^2}$ suivant MR_2.

Le mouvement d'entraînement de m_2 ne se compose que de deux translations.

Donc, en résumé, pour que le point mobile passe de la position M à la position M' dans le temps dt, il faut que les accélérations soient

$$R=\frac{d^2r}{dt^2}-r\left(\frac{d\varphi}{dt}\right)^2-r\cos^2\varphi\left(\frac{d\psi}{dt}\right)^2,$$

$$R_1=r\frac{d^2\varphi}{dt^2}+r\sin\varphi\cos\varphi\left(\frac{d\psi}{dt}\right)^2+2\frac{drd\varphi}{dt^2},$$

$$R_2=r\cos\varphi\frac{d^2\psi}{dt^2}+2\cos\varphi\frac{drd\psi}{dt^2}-2r\sin\varphi\frac{d\varphi d\psi}{dt^2}.$$

Il est à remarquer au sujet de ces formules que

$$R_2=\frac{1}{r\cos\varphi}\frac{d}{dt}\cdot r^2\cos^2\varphi\frac{d\psi}{dt}.$$

Or

$$\frac{1}{2}r^2\cos^2\varphi\frac{d\psi}{dt}$$

est la dérivée prise par rapport au temps de la projection sur le plan de l'équateur de l'aire engendrée par le rayon vecteur. En appelant A cette aire, on a donc $R_2=\frac{2}{r\cos\varphi}\frac{d^2A}{dt^2}$. Par conséquent, si le mouvement était tel que R_2 fût nul à chaque instant, il s'ensuivrait $\frac{d^2A}{dt^2}=0$; c'est-à-dire que, si la force motrice était à chaque instant située dans le plan méridien, la projection de l'aire décrite sur l'équateur croîtrait proportionnellement au temps.

Remarquons encore que, si R était nul, si la force motrice était constamment perpendiculaire au rayon vecteur, on aurait $\frac{d^2r}{dt^2}=r\left(\frac{d\varphi}{dt}\right)^2+r\cos^2\varphi\left(\frac{d\psi}{dt}\right)^2$; le mouvement suivant le rayon serait le même que si le point était sollicité par deux forces centrifuges provenant, l'une de son mouvement de rotation dans le sens du méridien, et l'autre de son mouvement de rotation dans le sens du parallèle.

On voit que, dans les deux systèmes particuliers de coordonnées qui viennent d'être examinés, on est arrivé à déterminer les accélérations du point mobile normalement aux lignes ou aux surfaces dont les intersections déterminent à chaque instant sa position. Nous nous proposerons la même question pour un système quelconque de coordonnées curvilignes ; nous admettrons toutefois la restriction que l'on fait habituellement, savoir, que ce système de coordonnées se compose de séries de surfaces orthogonales, ce qui fait que la direction de la normale à l'une des surfaces est celle de l'intersection des deux autres. Nous nous proposerons maintenant de déterminer pour chaque position du point mobile les composantes d'accélération suivant les normales aux trois surfaces orthogonales, passant par cette position et dont les paramètres la déterminent.

Afin d'obtenir des formules dont la généralité ne puisse donner lieu à aucun doute, nous emploierons d'abord le calcul pour y arriver, en nous réservant d'interpréter ensuite géométriquement ces formules au moyen de considérations analogues à celles qui précèdent.

II

Supposons que la position d'un point dans l'espace soit déterminée par l'intersection des trois surfaces orthogonales

$$\rho = f(xyz), \qquad \rho_1 = f_1(xyz), \qquad \rho_2 = f_2(xyz).$$

Cherchons d'abord quelles seraient les équations du mouvement rapporté à un semblable système de coordonnées curvilignes. C'est un simple changement de variables : les coordonnées x, y, z, sont des fonctions des trois paramètres ρ, ρ_1, ρ_2, et il faut obtenir les valeurs de $\frac{d^2x}{dt^2}$, $\frac{d^2y}{dt^2}$, $\frac{d^2z}{dt^2}$, en fonction de ces mêmes paramètres et de leurs dérivées par rapport au temps.

Employant une notation usitée dans la théorie des coordonnées curvilignes, nous désignerons par la lettre u l'une quelconque des coordonnées x, y, z, du point mobile.

Chaque coordonnée u étant fonction de ρ, ρ_1, ρ_2, on a

$$\frac{du}{dt}=\frac{du}{d\rho}\frac{d\rho}{dt}+\frac{du}{d\rho_1}\frac{d\rho_1}{dt}+\frac{du}{d\rho_2}\frac{d\rho_2}{dt}$$

$$\frac{d^2u}{dt^2}=\left\{\begin{aligned}&+\frac{du}{d\rho}\frac{d^2\rho}{dt^2}+\frac{d^2u}{d\rho^2}\left(\frac{d\rho}{dt}\right)^2+2\frac{d^2u}{d\rho d\rho_1}\frac{d\rho}{dt}\frac{d\rho_1}{dt},\\&+\frac{du}{d\rho_1}\frac{d^2\rho_1}{dt^2}+\frac{d^2u}{d\rho_1^2}\left(\frac{d\rho_1}{dt}\right)^2+2\frac{d^2u}{d\rho_1 d\rho_2}\frac{d\rho_1}{dt}\frac{d\rho_2}{dt},\\&+\frac{du}{d\rho_2}\frac{d^2\rho_2}{dt^2}+\frac{d^2u}{d\rho_2^2}\left(\frac{d\rho_2}{dt}\right)^2+2\frac{d^2u}{d\rho_2 d\rho}\frac{d\rho_2}{dt}\frac{d\rho}{dt}.\end{aligned}\right.$$

En égalant ces valeurs aux fonctions U, qui deviennent elles-mêmes des fonctions de ρ, ρ_1, ρ_2, on aurait les équations du mouvement en coordonnées curvilignes. — Mais on peut simplifier ces formules et en faire disparaître les secondes dérivées de u par rapport à ρ, ρ_1, ρ_2.

Rappelons d'abord quelques formules simples, relatives à l'emploi des coordonnées curvilignes.

En désignant par h_i le paramètre différentiel $\sqrt{\left(\frac{d\rho_i}{dx}\right)^2+\left(\frac{d\rho_i}{dy}\right)^2+\left(\frac{d\rho_i}{dz}\right)^2}$, on sait que $\frac{du}{d\rho_i}=\frac{1}{h_i^2}\frac{d\rho_i}{du}$.

De là résulte que, la lettre S dénotant une sommation de termes formés de même en x, y, z, on a pour une fonction quelconque

$$\mathrm{S}\frac{d\mathrm{F}}{du}\cdot\frac{d\rho_i}{du}=h_i^2\frac{d\mathrm{F}}{d\rho_i}.$$

En différentiant par rapport à u l'une des équations $\mathrm{S}\frac{d\rho}{du}\frac{d\rho_1}{du}=0$, qui exprime que le système des surfaces est orthogonal, on en tire

$$h^2\frac{d\frac{d\rho_1}{du}}{d\rho}+h_1^2\frac{d\frac{d\rho}{du}}{d\rho_1}=0.$$

Enfin, l'identité $\frac{d\cdot\frac{1}{h^2}\frac{d\rho}{du}}{d\rho_1}=\frac{d\cdot\frac{1}{h_1^2}\frac{d\rho_1}{du}}{d\rho}$ donne, d'après la formule précédente, en effectuant les différentiations,

$$\frac{d\frac{d\rho}{du}}{d\rho_1}=\frac{1}{h}\frac{dh}{d\rho_1}\frac{d\rho}{du}-\frac{h^2}{h_1^3}\frac{dh_1}{d\rho}\frac{d\rho_1}{du}.$$

On a donc, en cherchant les dérivées secondes de u, par rapport à ρ, ρ_1, ρ_2,

$$\frac{d^2u}{d\rho d\rho_1}=\frac{d\,\frac{1}{h^2}\frac{d\rho}{du}}{d\rho_1}$$

c'est-à-dire

$$\frac{d^2u}{d\rho d\rho_1}=-\frac{2}{h^3}\frac{dh}{d\rho_1}\frac{d\rho}{du}+\frac{1}{h^2}\frac{d\,\frac{d\rho}{du}}{d\rho_1};$$

ou bien, d'après les équations précédentes,

$$\frac{d^2u}{d\rho d\rho_1}=-\frac{1}{h}\frac{du}{d\rho}\frac{dh}{d\rho_1}-\frac{1}{h_1}\frac{du}{d\rho_1}\frac{dh_1}{d\rho};$$

et on obtiendra de même les deux quantités analogues, $\frac{d^2u}{d\rho_1 d\rho_2}$, $\frac{d^2u}{d\rho_2 d\rho}$.

Maintenant, si on différentie l'équation évidente

$$h^2\left(\frac{du}{d\rho}\right)^2+h_1^2\left(\frac{du}{d\rho_1}\right)^2+h_2^2\left(\frac{du}{d\rho_2}\right)^2=1$$

par rapport à ρ, et si on remplace par leurs valeurs les dérivées $\frac{d^2u}{d\rho_1 d\rho}$ et $\frac{d^2u}{d\rho_2 d\rho}$, on obtiendra

$$\frac{d^2u}{d\rho^2}=-\frac{1}{h}\frac{du}{d\rho}\frac{dh}{d\rho}+\frac{h_1^2}{h^3}\frac{du}{d\rho_1}\frac{dh}{d\rho_1}+\frac{h_2^2}{h^3}\frac{du}{d\rho_1}\frac{dh}{d\rho_2};$$

et on obtiendra de même les valeurs des deux autres dérivées analogues $\frac{d^2u}{d\rho_1^2}$, $\frac{d_2u}{d\rho_2^2}$.

En substituant les valeurs que nous venons de trouver pour les dérivées du deuxième ordre dans l'expression de $\frac{d^2u}{dt^2}$, elle devient

$$\frac{d^2u}{dt^2}=\left\{\begin{aligned}&+\frac{du}{d\rho}\left[\frac{d^2\rho}{dt^2}-\frac{1}{h}\frac{dh}{d\rho}\left(\frac{d\rho}{dt}\right)^2+\frac{h^2}{h_1^3}\frac{dh_1}{d\rho}\left(\frac{d\rho_1}{dt}\right)^2+\frac{h^2}{h_2^3}\frac{dh_2}{d\rho}\left(\frac{d\rho_2}{dt}\right)^2-\frac{2}{h}\frac{dh}{d\rho_1}\frac{d\rho}{dt}\frac{d\rho_1}{dt}-\frac{2}{h}\frac{dh}{d\rho_2}\frac{d\rho}{dt}\frac{d\rho_2}{dt}\right]\\&+\frac{du}{d\rho_1}\left[\frac{d^2\rho_1}{dt^2}-\frac{1}{h_1}\frac{dh_1}{d\rho_1}\left(\frac{d\rho_1}{dt}\right)^2+\frac{h_1^2}{h_2^3}\frac{dh_2}{d\rho_1}\left(\frac{d\rho_2^2}{dt}\right)^2+\frac{h_1^2}{h^3}\frac{dh}{d\rho_1}\left(\frac{d\rho}{dt}\right)^2-\frac{2}{h_1}\frac{dh_1}{d\rho_2}\frac{d\rho_1}{dt}\frac{d\rho_2}{dt}-\frac{2}{h_1}\frac{dh_1}{d\rho}\frac{d\rho_1}{dt}\frac{d\rho}{dt}\right]\\&+\frac{d\rho_2}{du}\left[\frac{d^2\rho_2}{dt^2}-\frac{1}{h_2}\frac{dh_2}{d\rho_2}\left(\frac{d\rho_2}{dt}\right)^2+\frac{h_2^2}{h^3}\frac{dh}{d\rho_2}\left(\frac{d\rho}{dt}\right)^2+\frac{h_2^2}{h_1^3}\frac{dh_1}{d\rho_2}\left(\frac{d\rho_1}{dt}\right)^2-\frac{2}{h_2}\frac{dh_2}{d\rho}\frac{d\rho_2}{dt}\frac{d\rho}{dt}-\frac{2}{h_2}\frac{dh_2}{d\rho_1}\frac{d\rho_2}{dt}\frac{d\rho_1}{dt}\right]\end{aligned}\right.$$

En égalant les trois valeurs semblables aux fonctions U exprimant les composantes de la force motrice, on obtiendra trois équations simultanées dont l'intégration ferait connaître le mouvement du point par la détermination des quantités ρ, ρ_1, ρ_2, en fonction du temps.

Ce sont là des formules générales qu'on pourrait appliquer toutes les fois qu'on se propose, dans l'intégration d'un problème relatif au mouvement d'un point, de substituer aux x, y, z, des fonctions de ces quantités, ce qui revient à employer un autre système de coordonnées.

Proposons-nous maintenant d'obtenir les valeurs des composantes de la force accélératrice suivant les directions des normales aux trois surfaces dont l'intersection détermine à chaque instant la position du point mobile. Désignons par R, R_1, R_2, ces composantes suivant les normales aux surfaces (ρ), (ρ_1), (ρ_2). Evidemment

$$R = S \frac{d^2u}{dt^2} h \frac{du}{d\rho},$$

$$R_1 = S \frac{d^2u}{dt^2} h_1 \frac{du}{d\rho_1},$$

$$R_2 = S \frac{d^2u}{dt^2} h_2 \frac{du}{d\rho^2}.$$

En substituant il vient

$$R = \left[h \frac{d^2\rho}{dt^2} - \frac{dh}{d\rho}\left(\frac{d\rho}{dt}\right)^2 + \frac{h^3}{h_1^3}\frac{dh_1}{d\rho}\left(\frac{d\rho_1}{dt}\right)^2 + \frac{h^3}{h_2^3}\frac{dh_2}{d\rho}\left(\frac{d\rho_2}{dt}\right)^2 - 2\frac{dh}{d\rho_1}\frac{d\rho}{dt}\frac{d\rho_1}{dt} - 2\frac{dh}{d\rho_2}\frac{d\rho}{dt}\frac{d\rho_2}{dt}\right] S\left(\frac{du}{d\rho}\right)^2$$

ou bien, comme $h^2 S\left(\frac{du}{d\rho}\right)^2 = 1$, on obtiendra les valeurs définitives

$$\begin{aligned}
R &= \frac{1}{h}\frac{d^2\rho}{dt^2} - \frac{1}{h^2}\frac{dh}{d\rho}\left(\frac{d\rho}{dt}\right)^2 + \frac{h}{h_1^3}\frac{dh_1}{d\rho}\left(\frac{d\rho_1}{dt}\right)^2 + \frac{h}{h_2^3}\frac{dh_2}{d\rho}\left(\frac{d\rho_2}{dt}\right)^2 - \frac{2}{h^2}\frac{dh}{d\rho_1}\frac{d\rho}{dt}\frac{d\rho_1}{dt} - \frac{2}{h^2}\frac{dh}{d\rho_2}\frac{d\rho}{dt}\frac{d\rho_2}{dt}, \\
R_1 &= \frac{1}{h_1}\frac{d^2\rho_1}{dt^2} - \frac{1}{h_1^2}\frac{dh_1}{d\rho_1}\left(\frac{d\rho_1}{dt}\right)^2 + \frac{h_1}{h_2^3}\frac{dh_2}{d\rho_1}\left(\frac{d\rho_2}{dt}\right)^2 + \frac{h_1}{h^3}\frac{dh}{d\rho_1}\left(\frac{d\rho}{dt}\right)^2 - \frac{2}{h_1^2}\frac{dh_1}{d\rho_2}\frac{d\rho_1}{dt}\frac{d\rho_2}{dt} - \frac{2}{h_1^2}\frac{dh_1}{d\rho}\frac{d\rho_1}{dt}\frac{d\rho}{dt}, \qquad \textbf{(A)} \\
R_2 &= \frac{1}{h_2}\frac{d^2\rho_2}{dt^2} - \frac{1}{h_2^2}\frac{dh_2}{d\rho_2}\left(\frac{d\rho_2}{dt}\right)^2 + \frac{h_2}{h^3}\frac{dh}{d\rho_2}\left(\frac{d\rho}{dt}\right)^2 + \frac{h_2}{h_1^3}\frac{dh_1}{d\rho_2}\left(\frac{d\rho_1}{dt}\right)^2 - \frac{2}{h_2^2}\frac{dh_2}{d\rho}\frac{d\rho_2}{dt}\frac{d\rho}{dt} - \frac{2}{h_2^2}\frac{dh_2}{d\rho_1}\frac{d\rho_2}{dt}\frac{d\rho_1}{dt}.
\end{aligned}$$

Ce sont les expressions que nous avions en vue de trouver.

En les égalant aux valeurs des composantes de la force motrice suivant les mêmes directions

$$\frac{1}{h}\frac{d\rho}{dx}X + \frac{1}{h}\frac{d\rho}{dy}Y + \frac{1}{h}\frac{d\rho}{dz}Z,$$

$$\frac{1}{h_1}\frac{d\rho_1}{dx}X + \frac{1}{h_1}\frac{d\rho_1}{dy}Y + \frac{1}{h_1}\frac{d\rho_1}{dz}Z,$$

$$\frac{1}{h_2}\frac{d\rho_2}{dx}X + \frac{1}{h_2}\frac{d\rho_2}{dy}Y + \frac{1}{h_2}\frac{d\rho_2}{dz}Z,$$

on obtiendra encore trois équations différentielles, dont l'intégration fera connaître le mouvement du point mobile. C'est une nouvelle forme des équations du mouvement.

Il y a une remarque à faire au sujet de ces équations. Les formules générales de Lagrange permettent d'obtenir les équations du mouvement d'un système quelconque dont la position est déterminée par des variables indépendantes. Evidemment elles doivent fournir les équations du mouvement d'un point rapporté à des coordonnées curvilignes ρ, ρ_1, ρ_2. Il est à remarquer qu'elles le donnent précisément sous la forme que nous venons d'indiquer en dernier lieu. On obtient ainsi une interprétation mécanique des expressions que renferment ces formules, au moins pour le cas où elles sont appliquées au mouvement d'un point. Les deux membres de l'une des équations de Lagrange expriment, l'un la composante d'accélération, l'autre la composante de force motrice suivant une des normales aux surfaces qui déterminent la position du point mobile (1).

---

(1) On peut vérifier ceci facilement. — Les formules de Lagrange nous donnent pour le mouvement du mobile les équations

$$\frac{d\frac{dT}{d\rho'}}{dt}-\frac{dT}{d\rho}=\frac{dU}{d\rho},$$

$$\frac{d\frac{dT}{d\rho'_1}}{dt}-\frac{dT}{d\rho_1}=\frac{dU}{d\rho_1},$$

$$\frac{d\frac{dT}{d\rho'_2}}{dt}-\frac{dT}{d\rho_2}=\frac{dU}{d\rho_2},$$

en désignant par T l'expression de la force vive et par U une fonction dont $(Xdx+Ydy+Zdz)$ est la différentielle totale.

Désignons par v, v_1, v_2, les composantes de la vitesse du point mobile suivant les directions des trois normales aux surfaces (ρ), (ρ_1), (ρ_2). La longueur de la normale comprise entre la surface (ρ) et la surface $(\rho+d\rho)$ est $ds=\frac{d\rho}{h}$; d'ailleurs $v=\frac{ds}{dt}$; par conséquent

$$v=\frac{1}{h}\frac{d\rho}{dt},\qquad v_1=\frac{1}{h_1}\frac{d\rho_1}{dt}\qquad v_2=\frac{2}{h_2}\frac{d\rho_2}{dt}.$$

Donc

$$2T=\frac{1}{h^2}\left(\frac{d\rho}{dt}\right)^2+\frac{1}{h_1^2}\left(\frac{d\rho_1}{dt}\right)^2+\frac{1}{h_2^2}\left(\frac{d\rho_2}{dt}\right)^2.$$

Rappelons maintenant les formules qui donnent les valeurs des rayons de courbure des trois surfaces.

Pour la surface (ρ) $\quad \gamma_1 = \frac{h}{h_1}\frac{dh_1}{d\rho}, \quad c_2 = \frac{h}{h_2}\frac{dh_2}{d\rho},$

Pour la surface (ρ_1) $\quad \gamma_2 = \frac{h_1}{h_2}\frac{dh_2}{d\rho_1}, \quad c = \frac{h_1}{h}\frac{dh}{d\rho_1},$

Pour la surface (ρ_2) $\quad \gamma = \frac{h_2}{h}\frac{dh}{d\rho_2}, \quad c_1 = \frac{h_2}{h_1}\frac{dh_1}{d\rho_2}.$

On en tire

$$\frac{dT}{d\rho'} = \frac{1}{h^2}\frac{d\rho}{dt}$$

et

$$\frac{dT}{d\rho} = -\frac{1}{h^3}\frac{dh}{d\rho}\left(\frac{d\rho}{dt}\right)^2 - \frac{1}{h_1^3}\frac{dh_1}{d\rho}\left(\frac{d\rho_1}{dt}\right)^2 - \frac{1}{h_2^3}\frac{dh_2}{d\rho}\left(\frac{d\rho_2}{dt}\right)^2.$$

De plus,

$$\frac{dU}{d\rho} = \frac{dU}{dx}\frac{dx}{d\rho} + \frac{dU}{dy}\frac{dy}{d\rho} + \frac{dU}{dz}\frac{dz}{d\rho},$$

c'est-à-dire

$$\frac{dU}{d\rho} = X\frac{dx}{d\rho} + Y\frac{dy}{d\rho} + Z\frac{dz}{d\rho},$$

que l'on peut écrire

$$\frac{dU}{d\rho} = \frac{1}{h}\left(X\frac{1}{h}\frac{d\rho}{dx} + Y\frac{1}{h}\frac{d\rho}{dy} + Z\frac{1}{h}\frac{d\rho}{dz}\right).$$

La première des équations fournies par les formules de Lagrange est donc

$$\frac{d.\frac{1}{h^2}\frac{d\rho}{dt}}{dt} + \frac{1}{h^3}\frac{dh}{d\rho}\left(\frac{d\rho}{dt}\right)^2 + \frac{1}{h_1^3}\frac{dh_1}{d\rho}\left(\frac{d\rho_1}{dt}\right)^2 + \frac{1}{h_2^3}\frac{dh_2}{d\rho}\left(\frac{d\rho_2}{dt}\right)^2 = \frac{1}{h}\left(X\frac{1}{h}\frac{d\rho}{dx} + Y\frac{1}{h}\frac{d\rho}{dy} + Z\frac{1}{h}\frac{d\rho}{dz}\right).$$

C'est aussi la première des équations que nous fournissent les formules (A). Il suffit pour le voir de faire subir à celles-ci une transformation très simple. Si on groupe ensemble le premier et les deux derniers termes de la valeur de R, il est facile de voir qu'on peut les écrire :

$$h\frac{d\frac{1}{h^2}\frac{d\rho}{dt}}{dt} + \frac{2}{h^2}\frac{dh}{d\rho}\left(\frac{d\rho}{dt}\right)^2,$$

et alors l'équation fournie par la formule est

$$h\frac{d\frac{1}{h^2}\frac{d\rho}{dt}}{dt} + \frac{1}{h^2}\frac{dh}{d\rho}\left(\frac{d\rho}{dt}\right)^2 + \frac{h}{h_1^3}\frac{dh_1}{d\rho}\left(\frac{d\rho_1}{dt}\right)^2 + \frac{h}{h_2^3}\frac{dh_2}{d\rho}\left(\frac{d\rho_2}{dt}\right)^2 = X\frac{1}{h}\frac{d\rho}{dx} + Y\frac{1}{h}\frac{d\rho}{dy} + Z\frac{1}{h}\frac{d\rho}{dz},$$

qu'il suffit de diviser par h pour la ramener à être identique avec l'équation précédente.

Par conséquent en désignant, comme dans la note précédente, par v, v_1, v_2, les trois composantes de vitesse du mobile, les formules (A) peuvent être écrites

$$R = h\,\frac{d\,\frac{1}{h^2}\frac{d\rho}{dt}}{dt} + \frac{dh}{d\rho}v^2 + \frac{v_1^2}{\gamma_1} + \frac{v_2^2}{c_2},$$

$$R_1 = h_1\,\frac{d\,\frac{1}{h_1^2}\frac{d\rho_1}{dt}}{dt} + \frac{dh_1}{d\rho_1}v_1^2 + \frac{v_2^2}{\gamma_2} + \frac{v^2}{c},$$

$$R_2 = h_2\,\frac{d\,\frac{1}{h_2^2}\frac{d\rho_2}{dt}}{dt} + \frac{dh_2}{d\rho_2}v_2^2 + \frac{v^2}{\gamma} + \frac{v_1^2}{c_1}.$$

Elles peuvent encore recevoir une forme qui est peut-être susceptible d'une utile application dans la physique mathématique, où, comme on sait, le paramètre différentiel du second ordre joue un rôle très important. L'une des propriétés du paramètre différentiel du second ordre d'une série de surfaces (ρ) est exprimée par l'équation

$$\frac{\Delta_2\rho}{h} + \frac{dh}{d\rho} = \frac{1}{\gamma_1} + \frac{1}{c_2}.$$

Si on tire de là la valeur de $\frac{dh}{d\rho}$ et qu'on la reporte dans la formule précédente, on obtient

$$R = h\,\frac{d\,\frac{1}{h^2}\frac{d\rho}{dt}}{dt} - \left(\frac{\Delta_2\rho}{h} - \frac{1}{\gamma_1} - \frac{1}{c_2}\right)v^2 - \frac{v_1^2}{\gamma_1} - \frac{v_2^2}{c_2}.$$

Venons enfin à l'objet que nous avions principalement en vue, à la forme géométrique des formules (A).

Considérons la valeur de R. Les deux premiers termes $\frac{1}{h}\frac{d^2\rho}{dt^2} - \frac{1}{h^2}\frac{dh}{d\rho}\left(\frac{d\rho}{dt}\right)^2$ peuvent être regardés comme la dérivée, par rapport au temps, de $\frac{1}{h}\frac{d\rho}{dt}$, c'est-à-dire de $\frac{ds}{dt}$, pourvu qu'on regarde, dans la différentiation, ρ_1 et ρ_2 comme des constantes, autrement dit pourvu qu'on considère la variation de $\frac{ds}{dt}$ le long de la normale à la surface (ρ). Les deux premiers termes de R ont donc pour valeur $\frac{d^2s}{dt^2}$, l'accélération d'un point matériel qui, se mouvant sur la normale à la surface (ρ), atteindrait la surface ($\rho + d\rho$) en même temps que le point mobile dont nous considérons le mouvement.

Les autres termes de R s'expriment directement au moyen des vitesses et des rayons de courbure dont nous avons donné plus haut les valeurs, et on obtient

$$
\left.\begin{aligned}
R &= \frac{d^2s}{dt^2} + \frac{v_1^2}{\gamma_1} + \frac{v_2^2}{c_2} - 2\frac{vv_1}{c} - 2\frac{vv_2}{\gamma},\\
R_1 &= \frac{d^2s_1}{dt^2} + \frac{v_2^2}{\gamma_2} + \frac{v^2}{c} - 2\frac{v_1v_2}{c_1} - 2\frac{v_1v}{\gamma_1},\\
R_2 &= \frac{d^2s_2}{dt^2} + \frac{v^2}{\gamma} + \frac{v_1^2}{c_1} - 2\frac{v_2v}{c_2} - 2\frac{v_2v_1}{\gamma_2},
\end{aligned}\right\} \quad (B)
$$

formules remarquables par leur symétrie et par l'interprétation dont, à première vue, paraissent susceptibles tous les termes.

Il faut faire à leur sujet une observation qui est indispensable pour leur application. C'est que chaque terme, quoique ayant un signe déterminé, peut et doit être pris, selon les circonstances, tantôt avec un signe et tantôt avec un autre.

Cela tient à ce que nous sommes obligés de convenir du sens dans lequel doit être comptée positivement chacune des forces R, R_1, R_2, c'est-à-dire à distinguer l'une de l'autre les deux directions de la normale. Convenons d'appeler direction positive de la normale, en un point de la surface, la direction correspondant à une variation positive du paramètre, et nous regarderons chaque force comme positive dans le sens de la normale positive.

Cette convention nous oblige à regarder chacun des rayons de courbure c, c_1, c_2, γ, γ_1, γ_2, comme ayant un signe déterminé par la direction dans laquelle il doit être porté sur la normale : cela résulte du calcul même qui fournit la valeur de chaque rayon de courbure. Ce calcul se fonde sur l'égalité évidente $u' = u + r\,\frac{1}{h}\frac{d\rho}{du}$, dans laquelle u' désigne une des coordonnées du centre de courbure et r le rayon. Si on attribue un signe déterminé au cosinus $\frac{1}{h}\frac{d\rho}{du}$, on est obligé par là même d'en attribuer un correspondant à r.

Ainsi chacun des termes qui renferment un rayon de courbure devra être pris avec son signe ou avec un signe opposé, suivant que ce rayon de courbure sera porté dans le sens de la normale positive ou dans le sens opposé.

Il est facile maintenant d'obtenir, au moyen de ces formules générales, celles qui sont relatives à un système quelconque de surfaces orthogonales, et de retrouver en particulier les formules obtenues pour les coordonnées polaires et sphériques par les considérations directes rapportées au commencement de ce travail.

Remarquons d'abord qu'un système de surfaces orthogonales est, en général, complétement déterminé par la connaissance d'une seule des trois séries de surfaces qui le composent, puisque les deux autres séries de surfaces doivent être les lieux géométriques des deux systèmes de lignes de courbure de la première série. Considérons maintenant quelques systèmes particuliers pour lesquels les formules générales se simplifient assez notablement.

La série (ρ) *se compose de surfaces de révolution.* — Alors la série (ρ) se composera aussi de surfaces de révolution ayant pour méridiens les trajectoires orthogonales de ceux des surfaces (ρ), et la série (ρ_2) se composera de plans passant par l'axe. Par conséquent les rayons γ et c_1 seront infinis ; de plus l'arc s_2 est un arc de cercle ; c'est un parallèle. Donc, si on appelle ψ l'angle du plan méridien avec un méridien fixe et p le rayon du parallèle,

$$s_2 = p\psi\,; \quad \frac{ds_2}{dt} \text{ ou } v_2 = p\,\frac{d\psi}{dt}\,; \quad \frac{d^2s_2}{dt^2} = p\,\frac{d^2\psi}{dt^2}\,;$$

et les formules deviennent

$$R = \frac{d^2s}{dt^2} + \frac{v_1^2}{\gamma_1} + p^2\,\frac{\left(\frac{d\psi}{dt}\right)^2}{c_2} - 2\,\frac{vv_1}{c},$$

$$R_2 = \frac{d^2s_1}{dt^2} + \frac{p^2\left(\frac{d\psi}{dt}\right)^2}{\gamma_2} + \frac{v^2}{c} - 2\,\frac{vv_1}{\gamma_1},$$

$$R_2 = p\left[\frac{d^2\psi}{dt^2} - 2\,\frac{d\psi}{dt}\left(\frac{v_1}{\gamma_2} + \frac{v}{c_2}\right)\right];$$

et de plus, comme il est facile de le voir en faisant la figure, p dépend de γ_2 et de c_2 par la relation $\frac{1}{p^2} = \frac{1}{c_2^2} + \frac{1}{\gamma_2^2}$.

La série (ρ) *se compose de sphères concentriques.* — Comme la sphère n'a pas de lignes de courbure, les deux autres séries de surfaces ne sont pas complétement déterminées. Elles se composent seulement de cones ayant pour sommet le centre des sphères et se coupant orthogonalement. — Si on prend le rayon r des sphères pour le paramètre ρ, on voit que $\gamma_1 = c_2 = -r$; d'ailleurs $\frac{1}{c} = 0$ et $\frac{1}{\gamma} = 0$, puisque la ligne s est droite; de plus, $s = r$, $\frac{ds}{dt}$ ou $v = \frac{dr}{dt}$, $\frac{d^2s}{dt^2} = \frac{d^2r}{dt^2}$; et les formules deviennent

$$R = \frac{d^2r}{dt^2} - \frac{v_1^2}{r} - \frac{v_2^2}{r},$$

$$R_1 = \frac{d^2s_1}{d^2t} + \frac{v_2^2}{c_2} + 2\frac{v_1}{r}\frac{dr}{dt} - 2\frac{v_1v_2}{c_1},$$

$$R_2 = \frac{d^2s_2}{dt^2} + \frac{v_1^2}{c_1} + 2\frac{v_2}{r}\frac{dr}{dt} - 2\frac{v_1v_2}{c_2}.$$

Si, pour rentrer dans un cas particulier précédemment examiné, on suppose maintenant que la série de cones (ρ_1) se compose de cones circulaires droits, la série (ρ_2) se composera de plans : on aura le système des *coordonnées sphériques*. — En désignant encore par ψ l'angle du méridien avec un méridien fixe, et par φ l'angle de la génératrice du cone avec un plan perpendiculaire à l'axe, on aura

$$s_1 = r\varphi; \qquad \frac{ds_1}{dt} = r\frac{d\varphi}{dt} \qquad \frac{d^2s_1}{dt^2} = r\frac{d^2\varphi}{dt^2},$$

$$s_2 = r\cos\varphi.\psi; \quad \frac{ds_2}{dt} = r\cos\varphi\frac{d\psi}{dt} \qquad \frac{d^2s_2}{dt^2} = r\cos\varphi\frac{d^2\psi}{dt^2}.$$

En même temps

$$\frac{1}{c_1} = o \qquad \text{et } \gamma = r\frac{\cos\varphi}{\sin\varphi},$$

et, en faisant les substitutions, on trouvera :

$$R = \frac{d^2r}{dt^2} - r\frac{d\varphi^2}{dt^2} - r\cos^2\varphi\left(\frac{d\psi}{dt}\right)^2,$$

$$R_1 = r\frac{d^2\varphi}{dt^2} - r\sin\varphi\cos\varphi\left(\frac{d\psi}{dt}\right)^2 + 2\frac{d\varphi}{dt}\frac{dr}{dt},$$

$$R_2 = r\cos\varphi\frac{d^2\psi}{dt^2} + 2\cos\varphi\frac{dr}{dt}\frac{d\psi}{dt} - 2r\sin\varphi\frac{d\varphi}{d}\frac{d\psi}{dt}.$$

Ce sont précisément les valeurs que des considérations géométriques avaient fait trouver précédemment.

Les surfaces (ρ) *se composent de plans parallèles.* — Alors les deux autres séries se composent de cylindres orthogonaux. Par conséquent $\frac{1}{\gamma_1}=0$, $\frac{1}{c_2}=0$, puisque la surface (ρ) est plane ; et $\frac{1}{c}=0$, $\frac{1}{\gamma}=0$, parce que la ligne s est droite. Les formules deviennent donc, en désignant par s la distance du plan considéré à un plan fixe,

$$R=\frac{d^2s}{dt^2},$$

$$R_1=\frac{d^2s_1}{dt^2}+\frac{v_2^2}{\gamma_2}-2\frac{v_1v_2}{c_1},$$

$$R_2=\frac{d^2s_2}{dt^2}+\frac{v_1^2}{c_1}-2\frac{v_1v_2}{\gamma_2}.$$

On voit que le mouvement dans le sens perpendiculaire au plan fixe n'influe en rien sur le mouvement de la projection du point mobile sur ce plan ; ce qui était évident *a priori*. D'ailleurs les rayons de courbure γ_2 et c_1 qui subsistent dans les formules sont les rayons de courbure des sections droites des cylindres par ce plan fixe. Il en résulte dès lors que les valeurs de R_1 et R_2 sont celles qui conviennent pour le mouvement d'un point dans un plan, lorsqu'on détermine sa position au moyen d'un système de coordonnées curvilignes composé de deux séries de lignes orthogonales (ρ_1) et (ρ_2).

$$R_1=\frac{d^2s_1}{dt^2}+\frac{v_2^2}{\gamma_2}-2\frac{v_1v_2}{c_1},$$

$$R_2=\frac{d^2s_2}{dt^2}+\frac{v_1^2}{c_1}-2\frac{v_1v_2}{\gamma_2};$$

ou bien, si on veut prendre les formules sous leur première forme,

$$R_1=\frac{1}{h_1}\frac{d^2\rho_1}{dt^2}-\frac{1}{h_1^2}\frac{dh_1}{d\rho_1}\left(\frac{d\rho_1}{dt}\right)^2+\frac{h_1}{h_2^3}\frac{dh_2}{d\rho_1}\left(\frac{d\rho_2}{dt}\right)^2-\frac{2}{h_1^2}\frac{dh_1}{d\rho_2}\frac{d\rho_1}{dt}\frac{d\rho_2}{dt},$$

$$R_2=\frac{1}{h_2}\frac{d^2\rho_2}{dt^2}-\frac{1}{h_2^2}\frac{dh_2}{d\rho_2}\left(\frac{d\rho_2}{dt}\right)^2+\frac{h_2}{h_1^3}\frac{dh_1}{d\rho_2}\left(\frac{d\rho_1}{dt}\right)^2-\frac{2}{h_2^2}\frac{dh_2}{d\rho_1}\frac{d\rho_1}{dt}\frac{d\rho_2}{dt}.$$

Si, par exemple, on veut considérer les coordonnées polaires, la série (ρ_1) se composera de cercles concentriques, et la série (ρ_2) de lignes droites. Si on prend $\rho_1=r$ et $\rho_2=\theta$, on a de plus $\frac{1}{c_1}=0$, $\gamma_2=-r$, $s_1=r$, $s_2=r\theta$, et il vient

$$R_1=\frac{d^2r}{dt^2}-r\frac{d\theta^2}{dt^2},$$

$$R_2=r\frac{d^2\theta}{dt^2}+2r\frac{dr}{dt}\frac{d\theta}{dt}.$$

Ce sont les formules indiquées précédemment.

III

Proposons-nous maintenant d'interpréter géométriquement les formules générales (A) auxquelles nous sommes parvenus, de manière même à pouvoir les obtenir directement sous leur forme (B), par des considérations analogues à celles qui ont fourni les formules particulières relatives aux coordonnées polaires ou sphériques.

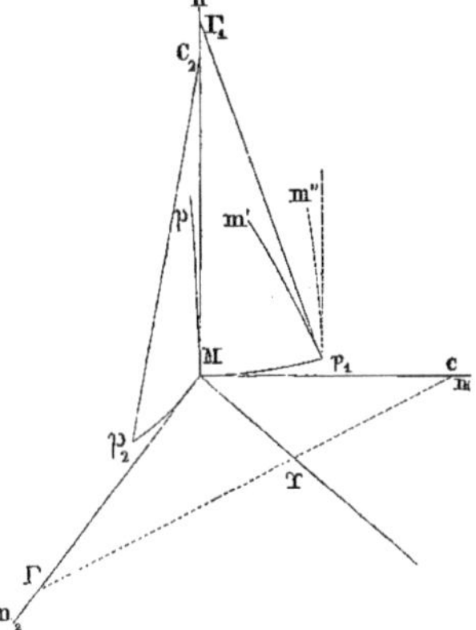

Soit M la position du point mobile à l'époque t ; soient Mn, Mn_1, Mn_2, les trois normales aux trois surfaces orthogonales qui se coupent en M ; soient Mp, Mp_1, Mp_2, les portions infiniment petites des lignes d'intersection comprises entre ces trois surfaces et celles qui déterminent la position M' du point M à l'époque $(t+dt)$, position qui occupe le sommet opposé au sommet M d'une sorte de parallélipipède à arêtes curvilignes ; nous désignerons ces arcs infiniment petits par ds, ds_1, ds_2; soient Γ_1, C_2, les centres de courbure de la surface (ρ); Γ_2, C, ceux de la surface (ρ_1); Γ, C_1, ceux de la surface (ρ_2). Ces centres sont supposés sur les parties positives des normales.

Considérons trois points, m, m_1, m_2, parcourant ces trois arcs Mp, Mp_1, Mp_2, avec des mouvements tels que, ayant en M pour vitesse les trois composantes de la vitesse du point mobile M, ils atteignent en même temps que lui les trois surfaces qui déterminent la position M'.

Pour le mouvement du point m, il faut une force tangentielle dirigée suivant Mp; nous la désignerons par $\frac{d^2s}{dt^2}$. Il faut de plus une force centripète $\frac{1}{r}\left(\frac{ds}{dt}\right)^2$ ou $\frac{v^2}{r}$, dirigée suivant le rayon de courbure r de la courbe Mp, c'est-à-dire dans le plan n_1Mn_2.

On sait que la courbure de l'intersection de deux surfaces est représentée en grandeur et en direction par la diagonale du parallélogramme construit sur les courbures des deux intersections faites en coupant chaque surface par le plan tangent à l'autre. Si nous appliquons ce théorème aux deux surfaces (ρ_1) et (ρ_2), dont l'intersection est l'arc s, comme elles sont orthogonales, nous en conclurons la relation

$$\frac{1}{r^2}=\frac{1}{\gamma^2}+\frac{1}{c^2}.$$

C'est précisément la relation qui existe entre la hauteur d'un triangle rectangle et les deux côtés de l'angle droit. Par conséquent, pour avoir le rayon de courbure r de l'intersection s, il suffit de joindre les deux centres de courbure Γ et C, correspondant à la ligne s, considérée successivement comme ligne de courbure sur (ρ_1) et comme ligne de courbure sur (ρ_2), et d'abaisser du point M une perpendiculaire sur la droite ΓC.

De là résulte que $\cos r\text{MC}=\frac{r}{c}$ et $\cos r\text{M}\Gamma=\frac{r}{\gamma}$. Par suite, si on cherche les composantes de la force $\frac{v^2}{r}$ suivant les directions Mn_1 et Mn_2, ces composantes seront $\frac{v^2}{r}\cdot\frac{r}{c}$ ou $\frac{v^2}{c}$ et $\frac{v^2}{r}\cdot\frac{r}{\gamma}$ ou $\frac{v^2}{\gamma}$. Ainsi, pour le mouvement du point m, il faut

Suivant Mn une force $\frac{d^2s}{dt^2}$.

Suivant Mn_1 une force $\frac{v^2}{c}$,

Suivant Mn_2 une force $\frac{v^2}{\gamma}$.

Et pour les trois mouvements simultanés des trois points m, m_1, m_2, il faudra

$$\text{Suivant } Mn \text{ une force } \frac{d^2s}{dt^2}+\frac{v_1^2}{\gamma_1}+\frac{v_2^2}{c_2},$$

$$\text{Suivant } Mn_1 \text{ une force } \frac{d^2s_1}{dt^2}+\frac{v_2^2}{\gamma_2}+\frac{v^2}{c},$$

$$\text{Suivant } Mn_2 \text{ une force } \frac{d^2s_2}{dt^2}+\frac{v^2}{\gamma}+\frac{v_1^2}{c_1}.$$

Maintenant il faut remarquer que chacun des mouvements sur un des arcs doit être influencé par la courbure des deux autres, et c'est ce qui fait que les valeurs de R, R_1, R_2, ne se bornent pas aux termes que nous venons de trouver. Pour obtenir le mouvement réel du point m et tenir compte des vitesses acquises en M, il faut supposer que, pendant que ce point parcourt l'arc ds, cet arc subit un double mouvement d'entraînement, l'un suivant ds, l'autre suivant ds_2. Mais chacun de ces mouvements d'entraînement ne peut pas être un simple mouvement de translation : car, si nous considérons, par exemple, le mouvement suivant ds_1 lorsque l'extrémité M de l'arc Mp sera venue en p_1, il faudra que la tangente en M soit devenue p_1T_1. Par conséquent le mouvement de cet arc ds doit se composer d'une translation de vitesse v_1, suivant ds_1, et d'une rotation autour d'une parallèle à Mn_2, menée par l'extrémité de ds_1. Cette rotation fait que le point m, après avoir parcouru l'arc ds, au lieu d'arriver en m'', arrivera en m', et la distance $m'm''$ est de second ordre. Pour produire ce déplacement du point m de m'' en m' pendant le temps dt, il faut l'action d'une force agissant parallèlement à Mn_1, et dont la mesure est $2\frac{m'm''}{dt^2}$ ou $2\frac{ds\frac{ds_1}{\gamma_1}}{dt^2}$, c'est-à-dire $2\frac{vv_1}{\gamma_1}$. Comme d'ailleurs on voit que le déplacement $m''m'$ a lieu en sens contraire à la direction positive sur la normale Mn_1, cette force devra être introduite avec un signe négatif dans l'expression de R_1, qui contiendra ainsi un nouveau terme $-2\frac{vv_1}{\gamma_1}$. La rotation qui accompagnera le mouvement d'entraînement suivant ds_2 introduira de même dans l'expression de R_2 un terme $-2\frac{vv_2}{c_2}$.

En analysant de la même manière les mouvements d'entraînement des arcs ds_1 et ds_2, on sera successivement conduit à introduire dans les expressions de R, R_1, R_2, de nouveaux termes analogues, et on obtiendra ainsi les expressions complètes des accélérations cherchées :

$$R=\frac{d^2s}{dt^2}+\frac{v_1{}^2}{\gamma_1}+\frac{v_2{}^2}{c_2}-2\frac{vv_1}{c}-2\frac{vv_2}{\gamma},$$

$$R_1=\frac{d^2s_1}{dt^2}+\frac{v_2{}^2}{\gamma_2}+\frac{v^2}{c}-2\frac{v_1v_2}{c_1}-2\frac{v_1v}{\gamma_1},$$

$$R_2=\frac{d^2s_2}{dt^2}+\frac{v^2}{\gamma}+\frac{v_1{}^2}{c_1}-2\frac{v_2v}{c_2}-2\frac{v_2v_1}{{}_2}.$$

Ce sont les expressions (B).

Ici encore les considérations directes que nous venons d'exposer nous amènent à faire cette convention que les rayons de courbure seront regardés comme positifs ou négatifs, selon qu'ils seront dirigés dans le sens de la normale positive ou en sens contraire. Car, si l'une des courbures venait à changer de sens, tous les termes contenant le rayon correspondant devraient changer de signe. Si, par exemple, la courbure dont le rayon est c venait à changer de sens, la composante $\frac{v^2}{c}$ de la force centripète $\frac{v^2}{r}$ devrait être prise dans l'expression de R_1 avec un signe négatif : car le rayon r est toujours situé dans l'angle formé par les deux rayons c et γ. De plus, en analysant le mouvement du point m, on trouverait que le mouvement d'entraînement suivant Mp serait accompagné d'une rotation déplaçant le point m_1 dans le sens positif de la direction Mp, en sorte que l'accélération $2\frac{vv_1}{c}$ qu'il faudrait adjoindre à la force R devrait être positive. — Ainsi chaque terme contenant un rayon de courbure change de signe lorsque ce rayon change de sens, ce qui amène nécessairement la convention ci-dessus.

On voit, comme nous le disions plus haut, que les considérations géométriques qui précèdent peuvent être regardées comme une démonstration nouvelle des formules (B), et, par suite, comme un moyen d'arriver directement aux formules analytiques (A). Cependant il est préférable de les regarder plutôt comme une interprétation mécanique de ces formules et des calculs par lesquels nous y sommes arrivés : elles ne présentent pas une démonstration suffisamment complète. Elles nous ont bien conduit à retrouver avec la même disposition de signes les formules obtenues précédemment, mais c'est en supposant d'une part à la figure une disposition particulière qu'il faudrait écarter; d'autre part, c'est en supposant aussi un déplacement particulier du point mobile, car nous avons supposé, sans le dire, que le déplacement du point mobile était tel qu'il se projetait sur la partie positive de chaque normale. Il serait donc par conséquent nécessaire de faire voir que les résultats obtenus sont encore exacts pour toutes autres circonstances. — En résumé, lorsqu'il s'agit de formules d'une grande généralité, les considérations géométriques nous paraissent propres à éclaircir et à préciser les idées, en montrant la signification de chacun des éléments analytiques, plutôt que destinées à fournir des démonstrations complètes et devant se suffire à elles-mêmes. Elles mettent trop vivement en jeu les circonstances spéciales que présente la figure à laquelle elles sont appliquées pour ne pas perdre quelque chose de leur clarté et de leurs avantages à être transformées en formules générales.

Il y a, au sujet des formules (B), une observation importante à faire préalablement à toute application, et sans laquelle on serait exposé à des erreurs.

Il est essentiel de remarquer que les accélérations tangentielles $\frac{d^2s}{dt^2}$, $\frac{d^2s_1}{dt^2}$, $\frac{d^2s_2}{dt^2}$, qu'elles renferment sont des quantités dont l'introduction dans les formules a été tout à fait artificielle ; elles n'ont aucun rapport simple avec le mouvement du point matériel lui-même. Par exemple, la quantité $\frac{d^2s}{dt^2}$ ne doit pas être confondue avec $\frac{dv}{dt}$, la dérivée par rapport au temps de la composante de vitesse v normale dans chaque position du mobile à la surface (ρ) correspondante. La quantité $\frac{d^2s}{dt^2}$ est l'expression incomplète de cette dérivée : car la valeur de v, c'est-à-dire $\frac{1}{h}\frac{d\rho}{dt}$, est une fonction des trois paramètres ρ, ρ_1, ρ_2, et sa dérivée serait

$$\frac{dv}{dt}=\frac{1}{h}\frac{d^2\rho}{dt^2}-\frac{1}{h^2}\frac{d\rho}{dt}\left[\frac{dh}{d\rho}\frac{d\rho}{dt}+\frac{dh}{d\rho_1}\frac{d\rho_1}{dt}+\frac{dh}{d\rho_2}\frac{d\rho_2}{dt}\right];$$

tandis que l'on a pris seulement

$$\frac{d^2s}{dt^2}=\frac{1}{h}\frac{d^2\rho}{dt^2}-\frac{1}{h^2}\frac{dh}{d\rho}\left(\frac{d\rho}{dt}\right)^2$$

en ne faisant varier que ρ. Aussi $\frac{d^2s}{dt^2}$ représente-t-il seulement l'accélération d'un point fictif m, ayant en M pour vitesse la composante v, et atteignant, au bout de l'instant dt, la surface (ρ), sur laquelle est située la nouvelle position M' du point mobile, en même temps que ce point mobile, mais dans un lieu différent et avec une vitesse différente. La vitesse v du point m est d'abord une des composantes de la vitesse du point M ; mais au bout du temps dt, sa nouvelle vitesse, $v+\frac{d^2s}{dt^2}dt$, n'est plus la composante correspondante de la vitesse du point mobile au même instant, car cette composante serait $v + \frac{dv}{dt}dt$.

Ainsi, quoique l'on ait, par exemple, en appelant V la vitesse du mobile,

$$\left(\frac{ds}{dt}\right)^2 + \left(\frac{ds_1}{dt}\right)^2 + \left(\frac{ds_2}{dt}\right)^2 = V^2,$$

c'est-à-dire

$$v_2 + v_1^2 + v_2^2 = V^2,$$

il n'est pas vrai d'écrire

$$\frac{ds}{dt}\frac{d^2s}{dt^2} + \frac{ds_1}{dt}\frac{d^2s_1}{dt^2} + \frac{ds^2}{dt}\frac{d^2s}{dt^2} = V\frac{dv}{dt};$$

on a seulement

$$v\frac{dv}{dt} + v_1\frac{dv_1}{dt} + v_2\frac{dv_2}{dt} = V\frac{dv}{dt}.$$

C'est une observation essentielle à faire si l'on veut appliquer le principe des forces vives au mouvement du point mobile lorsqu'on emploie les formules (B) ; sans cela on arriverait à des résultats en apparence contradictoires.

On peut remarquer entre ces deux quantités $\frac{d^2s}{dt^2}$ et $\frac{dv}{dt}$, dont la dernière ne présente pas d'interprétation mécanique directe, la relation

$$\frac{dv}{dt} = \frac{d^2s}{dt^2} - \frac{vv_1}{c} - \frac{vv_2}{\gamma}$$

IV

Comme application des formules précédemment trouvées considérons le mouvement d'un point matériel sur une surface.

Nous supposerons que cette surface est l'une des surfaces (ρ). Alors, pour exprimer que le mouvement a lieu sur elle, il faut faire $\frac{d\rho}{dt} = 0$ ou $v = 0$ dans les formules, qui deviennent, si on les prend sous la forme (B),

$$R = \frac{v_1^2}{\gamma_1} + \frac{v_2^2}{c_2},$$

$$R_1 = \frac{d^2s_1}{dt^2} + \frac{v_2^2}{\gamma_2} - 2\frac{v_1v_2}{c_1},$$

$$R_2 = \frac{d^2s_2}{dt^2} + \frac{v_1^2}{c_1} - 2\frac{v_1v_2}{\gamma_2}.$$

Les vitesses V_1 et V_2 sont alors les composantes de la vitesse du mobile suivant les directions des lignes de courbure, dont l'ensemble forme ainsi le système de coordonnées servant à déterminer la position de chaque point de la surface.

Portons d'abord notre attention sur l'expression de R, c'est-à-dire de l'accélération normale à la surface proposée. Cette expression d'une force, à laquelle on pourrait donner le nom de *force centrifuge* de la surface, est fort remarquable par son analogie avec l'expression de la force centrifuge dans le mouvement sur une courbe fixe. *La pression normale exercée par un point qui se meut sur une surface est égale à la somme des forces centrifuges que produirait le mouvement de ce même point sur l'une et sur l'autre des deux lignes de courbure, la vitesse de chacun de ces mouvements étant une des composantes de la vitesse réelle.*

Au reste, cette expression pourrait être facilement trouvée directement et sans passer par les formules (B).

Quand un point se meut sur une surface, l'accélération suivant le rayon de courbure de la trajectoire a pour expression $\frac{V^2}{r}$, V étant la vitesse et r ce rayon. Soit λ l'angle du plan osculateur de la trajectoire avec la normale, et soit α l'angle de la trajectoire avec l'une des lignes de courbure. Alors l'accélération normale est $\frac{V^2}{r}\cos\lambda$ ou, d'après le théorème de Meunier, $\frac{V^2}{r'}$, en appelant r' le rayon de courbure de la section normale ayant la même direction que la trajectoire. Mais on sait que

$$\frac{1}{r'}=\frac{\cos^2\alpha}{\gamma_1}+\frac{\sin^2\alpha}{c_2}.$$

Donc

$$\frac{V^2}{r'}=\frac{V^2\cos^2\alpha}{\gamma_1}+\frac{V^2\sin^2\alpha}{c_2},$$

c'est-à-dire

$$\frac{V^2}{r}\cos\lambda=\frac{v_1^2}{\gamma_1}+\frac{v_2^2}{c_2},$$

comme le donnaient nos formules. — La géométrie donnerait également une démonstration très simple de cette expression.

Si la surface que l'on considère est une surface à courbures opposées, on voit qu'en chaque point il y a une direction suivant laquelle le mouvement peut s'effectuer sans faire éprouver aucun effort à la surface. — Si le mouvement a lieu sur une surface développable, l'un des deux rayons est infini, et la pression exercée est égale à la force centrifuge que développerait sur la trajectoire orthogonale des génératrices rectilignes le mouvement projeté sur cette trajectoire.

Revenons aux expressions de R_1 et de R_2, qui devront servir dans chaque cas à déterminer la trajectoire.

Remarquons d'abord que ces expressions ne renferment plus directement les éléments de la surface sur laquelle a lieu le mouvement ; elles contiennent c_1 et γ_2, qui sont deux rayons de courbure, l'un de la surface (ρ_2), l'autre de la surface (ρ_1). Ces deux systèmes de surfaces sont évidemment indéterminés, puisque chacune de ces surfaces est seulement assujettie à couper orthogonalement la surface (ρ) suivant une ligne donnée. Cependant en chaque point de cette intersection les rayons c_1 et γ_2 sont aussi déterminés par là même : car en désignant, comme nous l'avons déjà fait, par r_1 et r_2 les rayons de courbure des deux lignes de courbure de la surface (ρ), on doit avoir les relations

$$\frac{1}{r_1^2}=\frac{1}{c_1^2}+\frac{1}{\gamma_1^2} \qquad \frac{1}{r_2^2}=\frac{1}{c_2^2}+\frac{1}{\gamma_2^2},$$

dans lesquelles r_1 et γ_1, r_2 et c_2, désignent des quantités données en chaque point de la surface (ρ) (1). Nous pouvons même remarquer que ces deux rayons c_1 et γ_2 ne seront jamais constamment infinis ni l'un ni l'autre, à moins que les lignes de courbure de la surface (ρ) ne soient planes, puisque, par exemple, pour $\frac{1}{c_1}=0$ il faudrait $r_1=\gamma_1$. Ainsi les deux expressions de R_1 et de R_2 seront toujours complètes, à moins que la surface (ρ) n'ait ses lignes de courbure planes, comme une surface de révolution, ou tout au moins un de ses systèmes de lignes de courbure composé de lignes planes, comme les surfaces développables, les surfaces-canaux, etc.

Si les deux systèmes de courbures étaient composés de lignes planes, les expressions se réduiraient à

$$R_1=\frac{d^2s_1}{dt^2}, \qquad R_2=\frac{d^2s_2}{dt^2},$$

et en même temps on verrait que dans ce cas il n'y a plus de différence entre $\frac{d^2s_1}{dt^2}$, $\frac{d^2s_2}{dt^2}$

---

(1) On peut encore arriver à la même conclusion d'une autre manière. — Si nous considérons une des lignes de courbure de la surface (ρ), celle qui a pour rayon de courbure r_1, elle peut être ligne de courbure sur une infinité de surfaces : pour chaque surface, le lieu du centre de courbure correspondant sera une des développées de cette courbe. Ainsi, en particulier, pour la surface (ρ), le lieu des extrémités des rayons γ_1 sera une des développées situées sur la surface polaire. Dès lors, si on considère la surface (ρ_2) coupant orthogonalement la surface (ρ), et ayant aussi pour ligne de courbure la ligne que nous considérons, on voit qu'il lui correspondra une seconde développée, formée par les normales perpendiculaires aux rayons γ_1 : ces normales seront les rayons c_1, qui seront ainsi déterminés. — On voit en même temps que r_1 est la hauteur d'un triangle rectangle dont γ_1 et c_1 sont les deux côtés de l'angle droit.

et $\frac{dv_1}{dt}$, $\frac{dv_2}{dt}$. Ainsi il y a tout à fait analogie entre ces expressions et celles $R_1 = \frac{d^2x}{dt^2}$, $R_2 = \frac{d^2y}{dt^2}$, que l'on trouve pour le mouvement sur un plan avec les coordonnées rectangulaires.

Si un seul système de lignes de courbure se compose de lignes planes, on aura, en supposant $\frac{1}{c_1} = 0$, les expressions

$$R_1 = \frac{d^2s_1}{dt^2} + \frac{v_2^2}{\gamma_1},$$

$$R_2 = \frac{d^2s_2}{dt^2} - 2\frac{v_1v_2}{\gamma_2},$$

tout à fait analogues à celles que l'on trouve pour le mouvement dans un plan, lorsqu'on emploie des coordonnées polaires.

En général, par la raison même que les expressions de R_1 et de R_2 ne contiennent pas les rayons de courbure de la surface (ρ), quelle que soit cette surface, ces expressions seront de même forme que si ce mouvement avait lieu dans un plan rapporté à un système de coordonnées curvilignes. L'étude de ces ressemblances analytiques présenterait vraisemblablement des résultats curieux.

PROPOSITION DE MÉCANIQUE CÉLESTE DONNÉE PAR LA FACULTÉ :

Attraction des Ellipsoïdes.

Vu et approuvé,

Le 4 mars 1856,

LE DOYEN DE LA FACULTÉ DES SCIENCES,

MILNE EDWARDS.

Permis d'imprimer,

Le 4 mars 1856,

LE VICE-RECTEUR DE L'ACADÉMIE DE PARIS,

CAYX.

APERÇU HISTORIQUE

AU SUJET DES

PROBLÈMES AUXQUELS S'APPLIQUE LE CALCUL DES VARIATIONS,

JUSQU'AUX TRAVAUX DE LAGRANGE.

Si l'on suit attentivement l'histoire de ce que nous appelons le calcul des variations, c'est-à-dire des méthodes servant à résoudre les questions pour lesquelles on emploie maintenant la théorie de Lagrange, on verra que cette histoire, qui embrasse à peu près l'étendue d'un siècle, peut se diviser en trois périodes.

La première comprend les premiers travaux des géomètres sur cette matière, et elle est presque exclusivement occupée par les Bernouilli. Les procédés y sont particuliers, géométriques, directs; nulle méthode générale n'apparaît encore, ou du moins nulle méthode n'est énoncée comme étant d'une application générale.

Les travaux d'Euler occupent toute la seconde période : profitant des travaux de ses devanciers, il généralise leurs procédés, ce qu'ils semblaient prendre plaisir à dédaigner; crée de nouvelles méthodes et constitue une théorie compacte; il donne pour tous les cas des règles générales, et pousse la pratique de ce genre de calcul à une perfection qui n'a guère été dépassée depuis. Mais Euler a fondé sa théorie sur les mêmes principes qui servaient à ses prédécesseurs; il les a admirablement développés, suivis dans leurs dernières conséquences; mais il les a conservés, et sa théorie en garde quelque chose d'embarrassé, de peu clair.

Enfin Lagrange, venant effacer les dernières traces des considérations de géométrie infinitésimale employées par les Bernouilli, fit une révolution complète dans les principes. Au lieu de regarder comme indéterminée la forme d'une portion infiniment petite de la courbe, il regarda comme variable la courbe tout entière; la variation de l'ordonnée devint une fonction arbitraire, au lieu d'être une quantité numérique ayant une valeur isolée. Par là il ramena ce genre de calcul à des procédés analogues à ceux du calcul différentiel ordinaire, et donna à sa théorie une simplicité uniforme si frappante, qu'Euler abandonna pour elle sa méthode.

Désormais le nom de Lagrange fut invinciblement lié au calcul des variations; sa méthode fut seule enseignée, et on alla, trop souvent, jusqu'à oublier que Lagrange n'avait fait que présenter sous un nouveau jour les travaux d'Euler, qu'Euler lui-même avait seulement étendu et généralisé les travaux antérieurs des Bernouilli, de Leibnitz, de L'Hospital, de Newton, de Taylor.

Il m'a paru intéressant d'examiner ces différents travaux et de les étudier successivement, afin qu'on puisse suivre pas à pas les progrès de l'importante théorie à laquelle ils se rattachent. J'examinerai donc dans l'ordre où ils ont été publiés, et je suivrai, sinon dans tous leurs détails, du moins sans omettre aucun point essentiel, les principaux travaux qui ont été faits sur cette matière depuis les premiers inventeurs jusqu'à Lagrange.

Cet exposé se partage donc naturellement en deux parties : la première comprenant l'histoire du problème des isopérimètres jusqu'à Euler, la seconde comprenant les travaux d'Euler jusqu'à ceux de Lagrange.

I

Comme on le sait, les premières recherches relatives à la partie de la science qui nous occupe furent inspirées par des problèmes où l'on se proposait de déterminer une courbe d'après cette condition, qu'une certaine quantité dépendant de sa forme fût un maximum ou un minimum; en d'autres termes, on se proposait de rechercher une courbe jouissant d'une certaine propriété de maximum ou de minimum.

Une remarque fort simple guida les premiers inventeurs, et devint pour longtemps le principe fondamental dans ce genre de questions : ce fut que, lorsqu'une courbe jouissait d'une certaine propriété de maximum ou de minimum, chaque portion de cette courbe devait avoir la même propriété. Ceci permettait de considérer seulement une portion infiniment petite de la courbe, afin d'en déterminer les propriétés élémentaires d'après les conditions imposées. Et c'est là, en effet, le genre de considérations que l'on a employées exclusivement jusqu'aux méthodes purement analytiques de Lagrange.

Cette remarque n'est pourtant pas générale, comme l'observa plus tard Euler ; elle n'était même pas exacte dans plusieurs cas où elle a été appliquée par les premiers inventeurs ; mais par bonheur ils n'eurent à l'employer que dans un cas particulier où, quoiqu'elle fût en défaut, son application n'amenait aucune inexactitude dans les résultats.

C'est l'emploi de ce principe qui caractérise les plus anciens travaux sur cette matière, et son abandon fut la première révolution faite par Lagrange dans la théorie.

Le premier problème relatif à une courbe ayant une propriété de maximum ou de minimum fut traité par Newton à propos du mouvement des corps dans un milieu résistant. Il se proposa de trouver *quelle forme il faudrait donner à un solide de révolution pour que, mu dans le sens de son axe, il éprouvât le moins de résistance possible* (1) ; mais il publia seulement une propriété caractéristique de la courbe méridienne, sans indiquer par quelle voie il y était parvenu.

Plusieurs géomètres cherchèrent et résolurent le même problème. Nous avons les solutions données par Fatio de Duiller, Jacques et Jean Bernouilli, le marquis de l'Hospital ; celles des trois derniers surtout sont remarquables par leur élégante simplicité. Voici quelle est la solution de Jean Bernouilli ; elle

(1) Livre des Principes, liv. II, section VII, prop. 34.

se distingue par l'identité des procédés qu'il emploie avec ceux qui sont encore en usage. C'est véritablement le point de départ de la voie nouvelle.

Bernouilli admet, comme les autres géomètres, l'hypothèse posée par Newton sur la résistance des fluides, savoir, que la pression sur un élément oblique par rapport à la direction du mouvement est la composante normale à cet élément de la pression qui s'exercerait sur une surface normale de même largeur dans le sens perpendiculaire au mouvement. Il s'ensuit que la pression dans le sens de l'axe est proportionnelle au carré du cosinus de l'inclinaison de l'élément sur cet axe. Il se propose alors de chercher comment doit être disposé un élément de courbe pour que la résistance soit minima.

La condition, suivant le principe fondamental des maxima et des minima, est donc que la forme de l'élément soit telle que, si on la fait varier infiniment peu, la variation correspondante de la résistance soit infiniment petite par rapport à ce qu'elle serait dans tout autre cas, autrement dit, soit nulle.

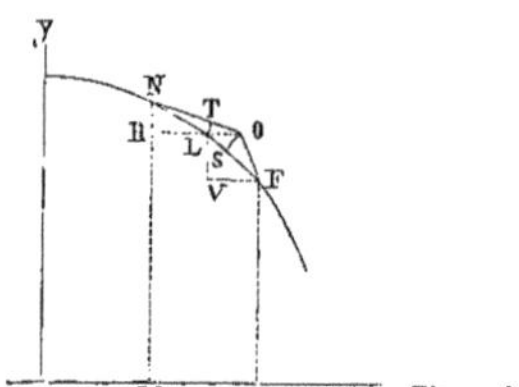

Figure 1.

On fait varier la forme de l'élément NF sans faire varier y, et on exprime que la somme des deux pressions sur NL et LF est la même que sur NO et OF, ce qui fournit l'équation

$$\frac{\mathrm{MN}.\overline{\mathrm{NR}}^3}{\overline{\mathrm{NL}}^2} - \frac{\mathrm{MN}.\overline{\mathrm{NR}}^5}{\overline{\mathrm{NO}}^2} = \frac{\mathrm{MR}.\overline{\mathrm{LV}}^5}{\overline{\mathrm{FO}}^2} - \frac{\mathrm{MR}.\overline{\mathrm{LV}}^3}{\overline{\mathrm{FL}}^2},$$

ou bien

$$\mathrm{MN}.\mathrm{NR}^3\left(\frac{1}{\overline{\mathrm{NL}}^2} - \frac{1}{\overline{\mathrm{NO}}^2}\right) = \mathrm{MR}.\mathrm{LV}^3\left(\frac{1}{\overline{\mathrm{FO}}^2} - \frac{1}{\overline{\mathrm{FL}}^2}\right),$$

équation qui devient, en ne négligeant que des quantités infiniment petites par rapport à celles que l'on conserve,

$$\mathrm{MN.NR}^3 \frac{(\mathrm{NO}-\mathrm{NL})}{\overline{\mathrm{NO}}^3} = \mathrm{MR.LV}^3 \frac{\mathrm{FL}-\mathrm{FO}}{\overline{\mathrm{FO}}^3}.$$

ou

$$\frac{\mathrm{MN.OT.}}{\overline{\mathrm{NO}}^5} \overline{\mathrm{NR}}^3 = \frac{\mathrm{MR.LS.}}{\overline{\mathrm{FO}}^5} \overline{\mathrm{LV}}^3. \qquad (1)$$

Deux triangles semblables donnent

$$\mathrm{OT} = \frac{\mathrm{LO.RO}}{\mathrm{NO}} \qquad (2)$$

et

$$\mathrm{LS} = \frac{\mathrm{LO.VF}}{\mathrm{FO}};$$

alors l'équation devient

$$\overline{\mathrm{NR}}^3 \frac{\mathrm{MN.RO}}{\overline{\mathrm{NO}}^4} = \overline{\mathrm{LV}}^3 \frac{\mathrm{MR.VF}}{\overline{\mathrm{FO}}^4},$$

qui, traduite au moyen des notations de Leibnitz, donne $\frac{ydy^3.dx}{ds^4} = \text{const.}$, équation que Jean Bernouilli intègre simplement en posant

$$dx = \frac{m}{a}\, dy,$$

ce qui permet d'exprimer y et ensuite x en fonction de m.

Il est facile de reconnaître dans cette solution les équations employées encore maintenant. La résistance sur l'élément de surface engendré par NL est

$$2\pi y \frac{dy^3}{ds^2}.$$

La variation doit être la même pour deux éléments consécutifs : on aura donc en faisant $\delta y = 0$

$$ydy^3 \frac{2.\delta ds}{ds^3} = \text{const.}$$

C'est l'équation (1); mais on a

$$\partial ds = \frac{dx.\partial dx}{ds}:$$

c'est l'équation (2). On en tire

$$\frac{ydy^3dx}{ds^4}\,\partial dx = \text{const.};$$

∂dx doit être supprimé, puisque les deux éléments consécutifs ne varient que par un même changement de l'abscisse du sommet intermédiaire : on a donc

$$\frac{ydy^3dx}{ds^4} = \text{const.}$$

Trois années avant d'avoir traité le problème précédent, Jean Bernouilli avait résolu et proposé aux géomètres celui de la *brachistochrone;* et la solution, indirecte pourtant, qu'il en publia l'année suivante, est encore fondée, aussi bien que celle de Jacques Bernouilli, sur le principe de la variation élémentaire de la courbe. Si on imagine deux éléments consécutifs de la courbe cherchée, le mobile doit les parcourir en moins de temps que toute autre ligne joignant leurs extrémités. De là on conclut, d'après un théorème qui était déjà bien connu à cette époque et avait été démontré par Fermat, que le sinus de l'inclinaison de chaque élément avec la verticale doit être proportionnel à la vitesse avec laquelle est parcouru l'élément; en d'autres termes, le rapport du sinus de l'inclinaison à la vitesse doit être une quantité constante, ce qui fournit immédiatement l'équation différentielle de la courbe, quelle que soit la loi que suit la vitesse du corps tombant. Et si on suppose la loi ordinaire de la chute des corps pesants, on aura immédiatement l'équation différentielle de la cycloïde.

Ce problème célèbre ne fut pas traité seulement par son inventeur; il avait été résolu par Leibnitz, sur ce que lui en avait écrit Jean Bernouilli, avant même que celui-ci le proposât publiquement. Et pendant l'année qui avait été accordée pour cette recherche on en donna plusieurs solutions : celle de Newton, qui parut anonyme dans les *Transactions philosophiques*, mais dont l'auteur fut bientôt deviné; celle du marquis de l'Hospital; celle de Jacques Bernouilli, qui différa quelque temps de la publier, s'étant élevé, en la cherchant, à des problèmes du même genre bien plus difficiles, et dont nous allons parler.

Plus tard, Jean Bernouilli publia une autre solution, qu'il dit avoir été sa méthode d'invention. C'est une méthode géométrique, admirable de simplicité ingénieuse, qui fait découvrir la nature de la brachistochrone d'après celle de sa développée. Je ne la rapporterai pas, parce qu'elle n'a aucun rapport avec les méthodes générales, et n'a pu contribuer aux progrès de la science.

II

Ces premiers travaux sur des questions de maximum ou de minimum n'étaient que le prélude de ceux que suscita le problème des isopérimètres, qui a mérité de rester célèbre dans l'histoire de la science. Ce problème, très général et très difficile pour le temps, fut, comme on sait, proposé par Jacques Bernouilli à son frère. Celui-ci ne donna que des résultats faux, du moins en partie, n'en voulut point convenir, et cette discussion scientifique, aigrie par la rivalité, amena entre les deux frères de fâcheux débats, où le beau rôle n'était point pour Jean Bernouilli. Le travail de Jacques fut publié en 1701 dans *les Actes* de Leipsick (*Acta eruditorum*); celui de Jean Bernouilli ne fut publié qu'en 1706, après la mort de son frère, dans les *Mémoires de l'Académie des sciences de Paris*. Enfin, long-temps après, en 1718, Jean Bernouilli revint sur cette question, convint que son mémoire de 1706 contenait une erreur, et publia des solutions, nouvelles dit-il, mais qui ne sont réellement que celles de son frère présentées sous une forme plus élégante. En résumé, comme on le voit, tout l'honneur des travaux sur cette matière doit revenir à Jacques Bernouilli, qui, dix ans à peine après les premières publications relatives au calcul différentiel, en avait déjà franchi toutes les difficultés jusqu'à produire les solutions que nous allons commenter et qu'il faut regarder comme de véritables chefs-d'œuvre d'invention et de profondeur.

L'énoncé du problème des isopérimètres proposé en 1697 à son frère par Jacques Bernouilli, en même temps qu'il lui envoyait la solution du problème de la brachistochrone, était conçu en ces termes ;

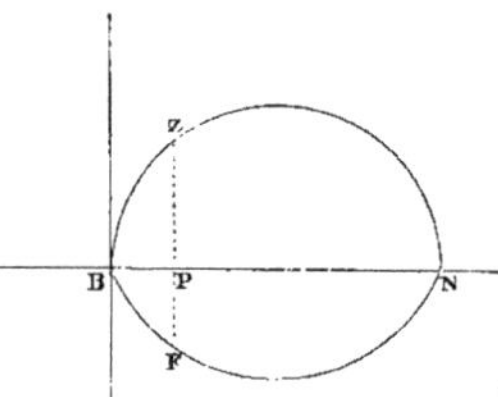

Figure 2.

On demande de trouver, parmi toutes les courbes isopérimètres construites sur une même base BN, *celle* BFN *qui, sans comprendre elle-même une aire maximum, rend maximum l'aire comprise par une autre courbe* BZN, *dont l'ordonnée* PZ *est une fonction donnée de l'ordonnée* PF *ou bien de l'arc* BF.

C'est, comme on voit, un problème dans lequel on cherche ce que depuis Euler nous appelons un *maximum relatif.* Mais la méthode des Bernouilli ne consiste pas à trouver directement l'équation du maximum relatif, comme on a su le faire plus tard en appliquant la règle d'Euler. Ils expriment par une première équation que la longueur de la courbe doit rester constante; à cette équation générale ils adjoignent ensuite celle qui provient de la condition particulière du problème, et entre les deux équations ils éliminent les variations, ou plutôt les quantités analogues qu'ils considèrent.

Jacques Bernouilli commence par démontrer deux équations qui, sous des formes différentes, expriment que la longueur totale de la portion de courbe considérée ne change pas dans le changement de forme de la courbe.

La première équation suppose que l'une des coordonnées, y, ne varie pas.

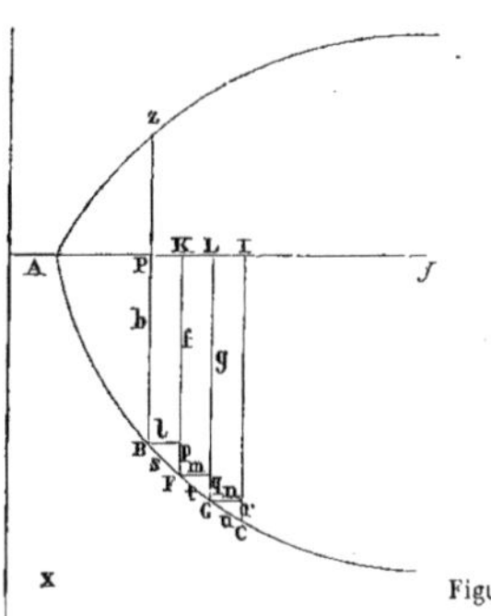

Figure 3.

Considérons quatre ordonnées consécutives, autrement dit trois éléments de la courbe, afin qu'il soit possible de faire varier la position des deux points intermédiaires sans faire varier à la fois leurs deux coordonnées; supposons les deux points B et C fixes et les points F et G éprouvant un déplacement infiniment petit sur leurs ordonnées KF et LG; on aura les cinq relations

$$p+q+r=\text{const.},\qquad s+t+u=\text{const.},$$
$$l^2+p^2=s^2,\qquad m^2+q^2=t^2,\qquad n^2+r^2=u^2,$$

qui donnent, entre les variations que peuvent éprouver les différentes quantités, les relations

$$dp+dq+dr=0,\qquad ds+dt+du=0,$$
$$pdp=sds\qquad qdq=tdt\qquad rdr=udu;$$

puis, en éliminant successivement du, dr, dt et ds, on obtient

$$(ptu-rst)\,dp=(rst-qsu)\,dq;$$

d'où

$$\frac{dp}{dp+dq},\qquad \text{c'est-à-dire}\qquad \frac{df}{dg}=\frac{rst-qsu}{ptu-qsu}.$$

C'est là la forme sous laquelle Jacques Bernouilli emploie cette équation, en y remplaçant chaque quantité par sa valeur infinitésimale. Son frère lui donna la forme plus élégante et plus commode

$$df\left(\frac{p}{s}-\frac{q}{t}\right)=dg\left(\frac{r}{u}-\frac{q}{t}\right),$$

c'est-à-dire

$$df.\,d\frac{dx}{ds}=-dg.\,d\frac{dx'}{ds};$$

ou, avec les notations modernes,

$$\delta x.\,d\frac{dx}{ds}=-\delta x'.d\frac{dx'}{ds}, \qquad \text{(M)}$$

en désignant par (x,y), (x', y'), deux points consécutifs.

La seconde équation est calculée en supposant que ds soit constant, les deux coordonnées de chaque point pouvant varier.

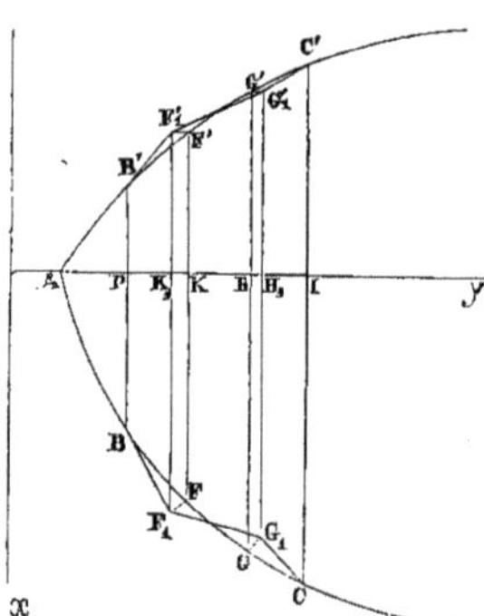

Figure 4.

Pour cela on imagine que les deux points intermédiaires F et G se déplacent sur deux petits arcs de cercles ayant leurs centres en B et en C. Alors les cinq relations qui existent entre les variations des différentes quantités sont

$$dl+dm+dn=0, \qquad dp+dq+dr=0,$$
$$ldl+pdp=0, \qquad mdm+qdq=0, \qquad pdp+rdr=0,$$

et, en éliminant dl, dm, dn et dr, on obtient la relation

$$df\left(\frac{p}{l}-\frac{q}{m}\right)=dg\left(\frac{r}{n}-\frac{q}{m}\right),$$

ou bien

$$\delta x \,.\, d\frac{dx}{dy}=-\delta x' \,.\, d\frac{dx'}{dy'}, \qquad \text{(N)}$$

les différentielles étant prises en considérant l'arc comme la variable indépendante.

Par une élimination pareille on obtiendra une seconde relation semblable

$$\delta y \,.\, d\frac{dy}{dx}=-\delta y' \,.\, d\frac{dy'}{dx'}. \qquad \text{(N')}$$

Supposons maintenant qu'on veuille résoudre le premier des deux problèmes proposés.

Soit ABN (*fig.* 3) la courbe, de longueur donnée, qui rend maximum l'aire APZ d'une courbe construite sur les mêmes ordonnées avec des abcisses PZ fonctions données des abcisses PF.

Nous ne ferons pas varier y, et nous emploierons par conséquent la première relation (M).

L'aire élémentaire que l'on veut rendre maximum est $f(x)dy$. Donc, si on considère deux points consécutifs F et G, on aura, y étant la variable indépendante,

$$f'(x)\delta x=-f'(x')\delta x';$$

dès lors, en divisant membre à membre la relation (M) par celle-ci, on obtient

$$\frac{d\frac{dx}{ds}}{f'(x)}=\frac{d\frac{dx'}{ds}}{f'(x')}$$

ou bien

$$d\frac{dx}{ds}=\mathrm{C}f'(x)\,dx,$$

ce qui donne, en intégrant,

$$\frac{dx}{ds}=\mathrm{C}f(x)+\mathrm{C}',$$

équation qui se réduit immédiatement aux quadratures.

Pour le second problème, où l'abcisse doit être une fonction de l'arc, on emploiera la seconde relation.

Mais il faut ici un peu plus d'attention pour exprimer la condition de maximum particulière au problème.

L'aire B'PIC' (Fig. 4.) doit être maxima Par conséquent, lorsque l'arc BFGC change de forme pour devenir BF_1G_1C, et que, par suite, l'arc B'F'G'C' devient $B'F'_1G_1'C'$, cette aire ne doit pas avoir changé de valeur.

Si nous nommons toujours s, t, u, les trois longueurs BF, FG, GC, et si nous nommons z la longueur de l'arc de courbe jusqu'au point B, nous devrons avoir l'égalité

$$f(z)\mathrm{PK}+f(z+s)\mathrm{KL}+f(z+s+t)\mathrm{LI}=f(z)(\mathrm{PK}-\mathrm{K_1K})+f(z+s)(\mathrm{KL}+\mathrm{K_1K}+\mathrm{LL_1})+f(z+s+t)(\mathrm{LI}-\mathrm{LL_1}),$$

qui se réduit à

$$f'(z)s.\mathrm{K_1K}=f'(z+s)t.\mathrm{LL_1}$$

ou bien

$$f'(z)\partial y=f'(z')\partial y',$$

en supposant $s=t$, ce qui est possible, puisque l'on a pris l'arc pour la variable indépendante.

Alors, en combinant cette équation avec la relation (N'), on obtient

$$\frac{d\frac{dy}{dx}}{f'(z)}=\frac{d\frac{dy'}{dz'}}{f'(z')}=\text{const.}; \qquad (2)$$

d'où résulte

$$d\frac{dy}{dx}=\mathrm{C}f'(z)dz,$$

en rétablissant le facteur dz qu'amène la différentielle du premier membre.

Puisque cette différentielle est calculée en prenant l'arc pour variable indépendante, on tire

$$\frac{dy}{dx}=\mathrm{C}f(z)+\mathrm{C}',$$

qu'on ramène facilement aux quadratures.

Telle est, à quelques modifications près, peu importantes, la manière dont Jean Bernouilli présente l'intégration de ces problèmes. La solution de son frère, quoique la même au fond, offre des calculs beaucoup plus longs : cela tient à ce que Jacques Bernouilli conserve aux relations (M) et (N) leur première forme; il y fait directement la substitution au moyen des notations infinitésimales, ce qui amène des différentielles du 3e ordre; de sorte que les équations finales des deux problèmes se trouvent toutes deux compliquées de différentielles jusqu'au 3e ordre, et il est obligé de faire deux intégrations avant d'en obtenir la forme simple sous laquelle, d'autre façon, on les trouve directement.

Ces deux questions ne sont pas les seules qui aient été résolues par les Bernouilli. La plus remarquable de celles que traite Jean Bernouilli dans son mémoire de 1718 est celle-ci, qui avait été aussi résolue par son frère :

Trouver entre deux points fixes la forme d'une courbe de longueur donnée qui rende maxima l'aire d'une autre courbe construite avec des abscisses qui soient des fonctions données des arcs de la première, et avec des ordonnées égales aux ordonnées correspondantes de la première Cela revient à trouver la position d'équilibre d'une chaîne de longueur donnée suspendue entre deux points fixes, lorsque sa densité est variable et par conséquent fonction de l'arc : car on cherche à rendre maxima l'intégrale $f(s)\rho y ds$, ce qui est la condition pour que le centre de gravité soit le plus bas possible. Il donne aussi le moyen de trouver la brachistochrone parmi les courbes isopérimètres.

Ces solutions, aussi bien que celles des autres questions qu'il traite également, sont fondées sur les mêmes principes que celles qui viennent d'être exposées en détail. Ce qui précède suffit donc pour faire connaître le caractère des méthodes employées par les Bernouilli et permettre d'apprécier jusqu'à quel point elles ont mis sur la voie des procédés modernes.

III

Pendant l'intervalle qu'embrassent les travaux des Bernouilli sur le problème des isopérimètres, c'est-à-dire jusqu'en 1718, il n'y a que deux géomètres qui se soient occupés de la même question, et tous deux, sans prétendre à l'invention, ont seulement cherché à abréger ou à simplifier la solution donnée par Jacques Bernouilli.

Le premier est le célèbre Taylor, qui, lorsqu'il publia en 1713 son ouvrage intitulé *Methodus incrementorum directa et inversa*, y plaça les solutions du problème des isopérimètres; mais, en cherchant à abréger l'analyse un peu longue et diffuse du mémoire de Jacques Bernouilli, il est arrivé à se rendre presque inintelligible : il est à peu près impossible d'entendre partout ce qu'il dit sur cette matière. C'est, du reste, un défaut dans lequel il tombe très fréquemment à force de vouloir être court. D'ailleurs, son calcul, très concis, le mène à une équation du troisième ordre : c'est donc seulement une abréviation fort peu utile du travail original.

L'autre est Jacques Hermann (1678-1733), élève de Jacques Bernouilli, successivement professeur à Padoue jusqu'en 1713, puis à Francfort-sur-l'Oder, enfin attiré en 1724 à Saint-Pétersbourg, sur sa réputation, par le czar Pierre. Il publia en 1718, dans les *Acta eruditorum*, un travail sur le problème des isopérimètres, qui parut dans le même numéro que celui de Jean Bernouilli, d'où l'on peut inférer que c'est l'une des publications qui a suscité l'autre. Dans ce mémoire, qu'il annonce comme déjà ancien et ayant été communiqué à différentes personnes plusieurs années auparavant, il se propose seulement de commenter et de simplifier l'« admirable » solution de Jacques Bernouilli. Ses solutions diffèrent extrêmement peu de celles que donnait en même temps Jean Bernouilli. Elles le conduisent de même à trouver l'intégrale première du problème; et leur forme, quoiqu'elle se rapproche moins de celle qui est restée définitivement à ces calculs, est cependant fort élégante. Ces solutions ont même cet avantage que, quoiqu'il démontre par la géométrie les deux lemmes qu'emploie Jean Bernouilli et sous la même forme ou à peu près, il donne le moyen de résoudre les deux problèmes primitifs en employant seulement le premier, et la solution qu'il obtient du second problème est peut-être un peu plus courte que celle qui est exposée précédemment. Il est possible que, si Hermann avait publié plus tôt son travail, celui de Jean Bernouilli n'eût jamais vu le jour : probablement c'est par égard pour ce dernier qu'il ne voulut rien publier avant lui sur ce sujet.

IV

Pour compléter l'histoire du problème des isopérimètres proprement dits, il nous reste à rendre compte d'une solution, donnée par Maclaurin, de presque tous les problèmes de maxima ou de minima qui avaient occupé les géomètres jusqu'à lui. (*Traité des Fluxions*, chap. XIII.) Le travail de Maclaurin est postérieur aux premiers mémoires d'Euler et n'a été publié que vers 1740. Cependant il doit être placé dans la première époque de l'histoire qui nous occupe; la méthode y est purement géométrique, elle affecte même autant que possible les formes de la géométrie des anciens, et on voit l'auteur, imitant l'exemple qu'avait souvent donné Newton, démontrer une seconde fois par la synthèse les vérités qu'il a trouvées par l'analyse infinitésimale : c'est là, du reste, quelque chose de très fréquent chez les auteurs anglais de cette époque. Quoique extrêmement ingénieuses et possédant même une certaine généralité, les solutions de Maclaurin n'ont pas une importance réelle dans l'histoire de la science : elles ne méritent en aucune façon d'être comparées à celles qu'avaient données auparavant les Bernouilli; elles n'ouvraient point de voies nouvelles et n'ont point eu de part aux progrès de la science.

Maclaurin se propose de rechercher d'une façon toute spéciale la ligne de plus vite descente sous l'action d'une force de direction constante ou dirigée vers un centre fixe, d'abord d'une manière absolue, et ensuite parmi les isopérimètres, « immédiatement, dit-il, par les premières fluxions, sans diviser les éléments de la courbe en deux ou plusieurs parties, et d'une manière qui fournira une démonstration synthétique propre à vérifier la solution. »

Maclaurin commence par démontrer un lemme préliminaire, qui joue dans sa solution le même rôle que la proposition de Fermat dans la recherche de la brachistochrone par Jean Bernouilli. C'est que, si on suppose une oblique eE et sa projection bE parcourues chacun par un mobile, avec des vitesses u et a données, u étant moindre que a, pour que la différence des temps employés soit un minimum, il faut que $\cos E = \frac{u}{a}$.

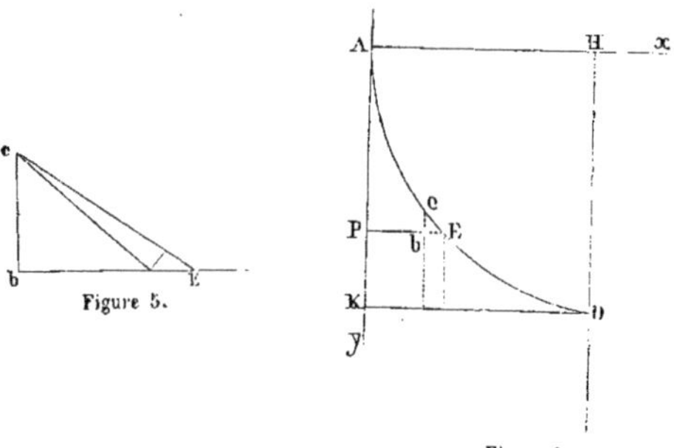

Figure 5.

Figure 6.

Si maintenant on veut obtenir la ligne de plus vite descente d'un point A à une verticale donnée HD, la projection totale KD de la courbe sur une horizontale est donnée : la courbe cherchée est évidemment celle pour laquelle il y a la plus petite différence possible entre le temps du parcours et le temps qu'il faudrait pour parcourir KD avec la plus grande vitesse, c'est-à-dire avec la vitesse au point le plus bas. Si donc on considère un élément, il faudra que

$$\cos E = \frac{u}{a},$$

u étant la vitesse en E, vitesse qui doit être une fonction connue de la coordonnée $AP = y$. On obtient donc immédiatement l'équation de la courbe, qui est

$$\frac{dx}{ds} = \frac{u}{a}.$$

On peut remarquer que cette solution, qui ne diffère pas essentiellement, comme il est facile de voir, de la solution de Jean Bernouilli, rapportée précédemment, peut recevoir une certaine généralité.

Toutes les fois qu'on voudra considérer une intégrale de la forme

$$\int \sqrt{1+\left(\frac{dy}{dx}\right)^2} f(y) dx,$$

on pourra regarder la recherche de la courbe qui la rend maximum ou minimum comme identique avec la recherche d'une courbe de plus vite descente ; il n'y a qu'à supposer que la force de direction constante sous l'action de laquelle s'effectue la chute du point matériel soit telle que l'expression de la vitesse en chaque point soit $\frac{1}{f(y)}$; et comme la solution de Maclaurin suppose la force de direction constante, l'intégrale ne doit renfermer qu'une seule des coordonnées (1).

Maclaurin ramène au précédent le problème de la plus vite descente dans les isopérimètres de la manière suivante. Soit T le temps du parcours de la courbe et t le temps que mettrait un point à glisser le long de cette courbe avec une vitesse uniforme a : il est clair que la courbe cherchée est celle pour laquelle $(\alpha T + t)$ est un minimum, α étant une constante quelconque. L'élément infiniment petit de cette somme est

$$\alpha \frac{ds}{u} + \frac{ds}{a}$$

ou

$$ds\left(\frac{\alpha}{u}+\frac{1}{a}\right)$$

ou

$$\frac{ds}{V}, \text{ en posant } V = \frac{1}{\frac{\alpha}{u}+\frac{1}{a}}.$$

---

(1) Dans la solution de Maclaurin, la force est supposée de direction constante, parcequ'on considère la *descente* du point matériel d'un plan horizontal à un autre. Si on la considère comme ayant lieu d'une des sphères de niveau à une autre, on supposera la pesanteur dirigée vers un centre fixe, et fonction de la distance seule. Dans ces deux cas la vitesse sera fonction d'une seule variable, et c'est la condition essentielle pour que la solution de Maclaurin soit applicable. Pour que la vitesse fût fonction des deux variables, il faudrait que les surfaces de niveau ne fussent ni des plans ni des sphères concentriques, et alors le problème de la plus vite descente de l'une à l'autre n'aurait plus aucune analogie avec le problème naturel que se proposait Maclaurin. Au reste il est facile de s'assurer que l'intégrale première de la courbe cherchée que l'on trouve par la méthode précedente ne convient pas lorsque la vitesse est fonction des deux coordonnées.

Par conséquent il suffit de chercher à rendre minimum l'intégrale $\int \frac{ds}{V}$, c'est-à-dire qu'on considérera la chute comme ayant lieu de façon que la vitesse en chaque point soit exprimée par la formule ci-dessus; on résoudra ainsi le problème sans s'occuper davantage de la condition relative à la longueur. Cela revient exactement à faire usage de la règle connue sous le nom de règle d'Euler pour les minima relatifs, règle dont par conséquent on pourrait ainsi revendiquer l'honneur pour Maclaurin en partie, puisqu'il en a découvert l'emploi quoique sans le généraliser, si le *Traité des fluxions* n'était postérieur aux mémoires d'Euler.

Par des considérations analogues, l'auteur anglais parvient à des solutions très élégantes des deux problèmes de Jacques Bernouilli, et même du problème de la chaînette d'inégale densité.

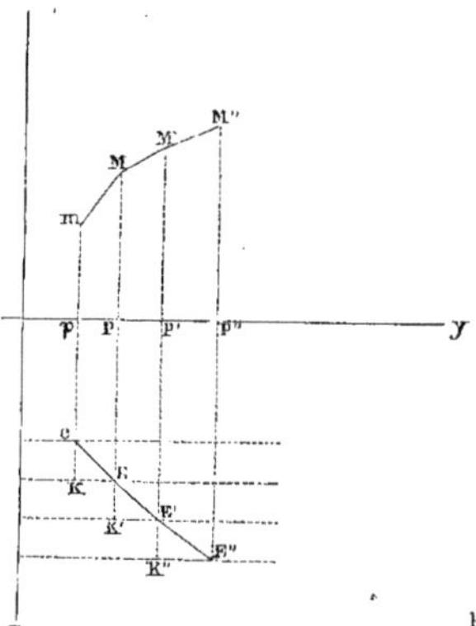

Figure 7.

Pour le premier, il remarque d'abord que le lemme posé plus haut peut être ainsi énoncé : Pour que $eE.a - KE.u$ soit minimum, il faut que $\cos E = \frac{u}{a}$. Dès lors en le généralisant on en conclut que, pour que la quantité

$$(eE + EE' + etc.)a - KE.u - K'E'.u', \text{ etc.}$$

soit un minimum, il faut que

$$\cos E = \frac{u}{a},\quad \cos E' = \frac{u'}{a},\quad \text{etc.}$$

Par conséquent, si on considère les longueurs KE, K'E', etc comme les différentielles des ordonnées d'une courbe $eEE'\ldots$, et si on construit une autre courbe $mMM'\ldots$ correspondantes sur des abscisses MP qui soient des fonctions données u des abscisses PE, on voit que l'aire de la courbe supérieure sera maximum si on dispose chaque point E sur son horizontale de manière à ce que l'on ait $\cos E = \frac{u}{a}$; car alors ($eEE'\ldots \times a - \Sigma PP'.MP$) sera minimum.

Pour le second problème, on démontre d'abord que, si on veut rendre aussi grande que possible la somme $ep.a + KE.u + K'E'.u' + \ldots$, chacun des éléments de la ligne brisée étant supposé de grandeur invariable, et les quantités u, u', étant données, il faut que, en chaque point, $\text{cotang}\, E = \frac{u}{a}$. Alors, en regardant u comme une fonction donnée de la longueur en chaque point de l'arc $eEE'\ldots$, il s'ensuit, pour la forme que doit prendre cette courbe $eEE'\ldots$ afin que l'aire $pMM'\ldots$ soit maximum, l'équation

$$\frac{dy}{dx} = \frac{u}{a},\ \text{c'est-à-dire}\ \frac{dy}{dx} = \frac{f(s)+h}{a}.$$

C'est l'équation donnée plus haut et trouvée par Bernouilli.

On peut reconnaître maintenant les deux caractères que nous avons attribués aux solutions de Maclaurin : d'être extrêmement ingénieuses, de pouvoir acquérir une certaine généralité, et pourtant de ne présenter qu'un intérêt de curiosité, sans pouvoir prétendre à une place importante dans l'histoire du progrès de la science. D'ailleurs, quoique nous ne puissions préciser l'époque à laquelle elles ont été trouvées par Maclaurin, qui les a ensuite placées dans son *Traité des fluxions*, elles n'y ont été publiées que sept ou huit ans après la fixation des règles générales par Euler. Du reste l'auteur anglais semble ne pas avoir connaissance des travaux alors tout récents d'Euler : car il annonce, dans la préface de son livre, qu'il a traité « avec plus d'évidence et moins de danger des problèmes que l'on avait résolus d'une manière mystérieuse et par les secondes et les troisièmes fluxions. »

V

Le plus ancien mémoire d'Euler qui soit relatif à ces questions de maximum et de minimum, dont la solution complète suffirait seule pour illustrer son nom, date de 1729 (1). Ce fut Jean Bernouilli qui appela son attention sur ce genre de recherches, encore très peu exploré, en lui proposant le problème de la ligne la plus courte sur une surface. Une question aussi intéressante n'avait pu rester inaperçue des frères Bernouilli; et, en effet, dès le début de leur carrière, en 1697, elle avait été proposée par Jean Bernouilli, dans les *Acta eruditorum*, pour les cylindres, les cônes et les conoïdes (surfaces de révolution). Elle fut résolue immédiatement par Jacques Bernouilli, qui publia en 1698 les solutions, sans en faire connaître l'analyse. Plus tard, Jean Bernouilli reprit cette question, la résolut pour toute surface, et proposa le problème en 1728 à Euler, encore très jeune alors, mais déjà célèbre. La solution qu'il en donna se trouve dans les *Commentaires de l'Académie de Saint-Pétersbourg*, tome III. Elle ne présente rien de saillant, et ne porte la trace d'aucune idée générale : il considère une surface comme le lieu d'une série de coupes faites par des plans parallèles ; et, comme question préliminaire, il cherche le chemin brisé le plus court d'un point à un autre, en touchant une ligne plane donnée. On aperçoit d'après cela la marche de la solution, qui ne présente aucune conclusion géométrique intéressante. Elle est beau-

(1) Il est vrai que dès l'année 1726 Euler, alors à peine âgé de 19 ans, avait proposé aux géomètres le problème de la brachistochrone dans un milieu résistant, et l'avait par conséquent déjà résolu ; mais son mémoire à ce sujet ne fut publié qu'en 1739 ; il ne renferme rien qui se rapporte à une théorie générale.

coup moins complète que celle de Jean Bernouilli, qui, du reste, emploie à peu près le même procédé.

Euler fut sans doute aussi frappé dès lors du peu de généralité et de l'insuffisance des méthodes géométriques particulières qu'on avait jusque alors toujours appliquées à ce genre de questions. Dès cette époque il commença à creuser plus avant dans cette matière, et à rechercher des résultats généraux.

En 1732, Euler présentait un mémoire intitulé : *Problematis isoperimetrici in latissimo sensu accepti solutio generalis* (publié dans les *Comm. Acad. Petrop.*, tome VI, en 1739). Ce mémoire, très important, est fort curieux en ce qu'il exprime clairement la transition des considérations de géométrie pure aux méthodes analytiques. Euler commence par établir le partage des problèmes dans lesquels on cherche des courbes jouissant d'une propriété de maximum ou de minimum en différentes classes, suivant que l'on demande, parmi toutes les courbes, quelle est celle qui jouit au plus haut degré d'une certaine propriété, ou bien que l'on astreint la courbe à satisfaire préalablement à une ou plusieurs conditions. Il ne considère toujours qu'une partie infiniment petite de la courbe; mais il remarque que, si dans les problèmes de la première classe il suffit de considérer deux éléments consécutifs, il faut en considérer trois dans ceux de la classe, quatre dans ceux de la troisième, et ainsi de suite.

Il ébauche ensuite la solution des problèmes de la première classe en disant que, comme la propriété dont la courbe doit jouir au plus haut degré doit aussi exister au plus haut degré dans chaque portion, son expression pour deux éléments consécutifs ne doit pas changer si on fait varier infiniment peu l'ordonnée du sommet intermédiaire. Par conséquent si on forme les deux expressions, et si on égale à zéro leur différence, comme tous les termes contiendront en facteur la variation arbitraire, on obtiendra, après l'avoir supprimée, une équation différentielle qui exprimera la nature de la courbe cherchée. La solution est, comme on le voit, générale, mais l'exécution ne l'est pas : car Euler n'emploie pour obtenir les valeurs des différentes variations et arriver à l'équation finale que des considérations géométriques et des raisonnements absolument pareils pour le fond comme pour la forme à ceux que renferme la solution donnée par

Jean Bernouilli, et rapportée précédemment, du problème relatif au solide de moindre résistance : cette solution étant, par le fait, géométrique, ne s'applique que pour le cas où l'intégrale renferme seulement des différentielles du premier ordre.

Quant aux problèmes des classes supérieures, qu'il n'appelle pas encore problèmes de maxima et de minima relatifs, c'est dans ce travail qu'Euler expose pour la première fois la règle qui porte encore son nom.

En égalant à zéro la différence des expressions élémentaires quand on fait varier deux ordonnées consécutives, pour l'une et pour l'autre des deux intégrales qu'on doit considérer dans un problème de deuxième classe, par exemple, on obtient deux équations telles que

$$P\alpha + Q\beta = 0,$$
$$R\alpha + S\beta = 0.$$

D'ailleurs

$$Q = P + dP,$$
$$S = R + dR;$$

d'où résulte, en éliminant les variables α et β et intégrant, pour l'équation de la courbe cherchée,

$$P + aR = 0,$$

a désignant une constante arbitraire.

Après avoir ainsi ramené les problèmes de toutes les classes à ceux de la première, Euler revient à eux, et, sans poser encore de formules générales, il fait un tableau des formes qu'affecte l'équation finale pour un certain nombre de formes différentes de l'intégrale, et il termine par un exemple où cette intégrale renferme une fonction des deux coordonnées et de l'arc de courbe. C'est la première fois qu'on voit traiter une intégrale renfermant elle-même une autre fonction intégrale.

Quelques années plus tard (V. *Com. Acad. Petrop.*, tome VI), en 1736, Euler produisit de nouvelles recherches (publiées seulement en 1741), les formules établies précédemment ne s'étant pas, dit-il, trouvées suffisantes dans plusieurs cas. Il considère pour la première fois des intégrales renfermant des dérivées d'un ordre supérieur au premier, et remarque qu'il ne suffit pas alors d'examiner l'effet produit par la variation d'une ordonnée sur les deux éléments voisins; cette variation affecte des éléments qui précèdent, ce qui est bien facile à voir en regardant les différentielles comme les limites des différences finies.

La méthode qu'emploie Euler dans ce mémoire ne diffère que par la forme de celle qu'il adopta ensuite définitivement; elle est tout à fait générale, quoique l'exposition en soit encore embarrassée. Elle le conduit à donner la formule générale de l'équation indéfinie des problèmes pour une intégrale quelconque, renfermant les variables et leurs dérivées. A la fin du mémoire, il cherche à traiter, sans le faire d'une manière tout à fait générale ni tout à fait satisfaisante, le cas où l'intégrale en renferme une autre; et il fait cette remarque essentielle, que le principe suivi jusque alors par tous les géomètres, et qui permet de considérer seulement le changement qu'éprouve une portion infiniment petite de l'intégrale par suite du changement qu'éprouve la portion correspondante de la la courbe, n'est plus alors généralement applicable; il ne l'est que dans un seul cas particulier, que présentaient précisément les premiers problèmes sur les isopérimètres, celui où l'intégrale qui est renfermée sous le signe d'intégration conserve elle-même une valeur totale constante par la nature de la question.

Continuant ses travaux, et poursuivant son but à grands pas, Euler publia enfin, en 1744, un ouvrage complet sur le sujet constant de ses études, sur cette partie de la science qu'il avait reçue de ses prédécesseurs presque dans l'enfance, et qu'en moins de quinze années il avait portée presqu'à la perfection. Son célèbre traité, *Methodus inveniendi lineas curvas maximi vel minimi proprietate gaudentes*, est trop connu pour que nous ayons à en faire ici une analyse qui ne pourrait être que fort incomplète. On y trouve traités à peu près tous les problèmes qui peuvent se présenter sur un pareil sujet; et la matière y est considérée avec une généralité dont on aurait à peine osé concevoir l'idée vingt ans auparavant, et à laquelle nous venons de voir qu'Euler ne s'était lui-même élevé que par degrés. Pourtant il faut bien remarquer que le principe de la méthode est toujours le même que dans les premiers travaux de Jacques Bernouilli : on considère des différences infiniment petites, au lieu de grandeurs infiniment petites ayant des significations géométriques; mais cela n'altère pas le fond de la méthode. Elle consiste toujours à exprimer que la courbe cherchée est telle que, si on la fait changer de forme dans une portion infiniment petite de son cours, le changement qu'éprouve l'intégrale est nul. Il y a dans cette déformation infiniment petite et infiniment restreinte quelque chose de peu clair qui n'est pas complétement satisfaisant pour l'esprit, et, si on examine avec soin l'exposition d'Euler, on y trouvera des points qui laissent certainement quelque chose à désirer sous le rapport de la rigueur. De plus, l'exécution pratique présente, si on veut compléter la solution d'un problème, des difficultés souvent insurmontables : Euler suppose dans sa théorie que l'intégrale considérée a des limites fixes, et la détermination des constantes arbitraires introduites nécessairement par l'intégration est subordonnée à cette intégration, et à la possibilité d'exprimer en termes finis l'intégrale en fonctions de ces constantes et des limites. On conçoit que cette condition la rend souvent difficile, plus souvent même impossible, et éloigne des résultats quelquefois importants relatifs aux extrémités de la courbe cherchée.

Eviter ces défauts de la méthode jusque alors en usage fut le but des premiers travaux de Lagrange sur cette matière. Pour éviter ce que la théorie présentait de défectueux dans son exposition, il fallait rompre avec les principes mêmes de cette théorie : c'est ce qu'il fit. Au lieu de faire varier une seule ordonnée de la courbe, et de déformer ainsi cette courbe dans une portion infiniment petite de son cours, il eut l'idée de faire varier toutes les ordonnées à la fois en regardant l'accroissement, non plus comme une quantité numérique isolée, mais comme une fonction arbitraire, quoique infiniment petite. En même temps il cessa de déplacer chaque point sur son ordonnée, ce qui ne permettait de modifier la courbe qu'entre deux limites fixes, et il attribua une augmentation aux deux coordonnées de chaque point. Outre ce que cette manière de faire présentait de plus satisfaisant et de plus général, l'exposition s'en trouvait extrêmement simplifiée : l'expression du changement qu'éprouvait l'intégrale pouvait être obtenue au moyen d'une sorte de différentiation tout à fait semblable à la différentiation ordinaire, et à laquelle Lagrange imposa le nom dès lors adopté de *variation*. En même temps la détermination des constantes se trouvait dégagée de la résolution d'un problème subsidiaire à poser, une fois l'intégration effectuée ; la méthode s'appliquait sans plus de difficultés au cas où l'intégrale renfermait plus d'une fonction inconnue, au cas même où l'on voulait considérer une intégrale double. Le champ des recherches s'agrandissait à mesure qu'il était d'un accès plus facile. C'était bien là la réalisation du vœu que formait Euler, dont le génie ne s'était point fait illusion sur la valeur théorique de la méthode qu'il employait, lorsqu'il écrivait dans le *Methodus inveniendi, etc.*, après avoir donné la formule de l'équation indéfinie : *Desideratur itaque methodus a resolutione geometrica et lineari libera, qua pateat in tali investigatione maximi vel minimi, etc.* (chap. II, § 39). Aussi Euler fut-il le premier à accueillir avec empressement la nouvelle méthode et les travaux qui allaient éclipser et presque faire oublier ce qu'il avait fait pour cette partie de la science.

Les premières études de Lagrange paraissent avoir suivi de fort près la publication du *Methodus, etc.* : car une lettre à lui adressée par Euler prouve que, dès 1755, il était en possession des principes du calcul des variations. Voici un fragment de cette lettre, qui honore autant le caractère d'Euler que son talent et celui de Lagrange : « Votre solution analytique du problème des isopérimètres renferme, à ce que je vois, tout ce qu'on peut demander sur ce sujet ; je suis ravi de voir cette théorie, que presque seul depuis les premiers inventeurs j'avais traitée, ainsi poussée par vous à son entière perfection. L'importance du sujet m'a fait rédiger la solution analytique en m'aidant de vos travaux ; mais je ne publierai rien avant que vous ayez livré au grand jour les résultats de vos réflexions à ce sujet, de peur de vous enlever quelque chose de l'honneur qui vous est dû. »

Il attendit plusieurs années, car c'est seulement en 1760 que Lagrange publia ses travaux sur la solution générale du problème des isopérimètres, ou plutôt sur la méthode des variations (*Miscellanea Taurinensia*, tome II); mais, pour lui, la considération des problèmes géométriques relatifs à la recherche des courbes jouissant de propriétés de maximum ou de minimum était devenue un objet secondaire; et son but en perfectionnant la théorie des maxima et des minima pour les fonctions intégrales était d'un ordre plus élevé : car il en faisait la base de toute la mécanique, en prenant pour principe fondamental le principe de la moindre action. Le travail d'Euler sur le calcul des variations fut publié en 1764 (*Novi Comm Acad. Petrop.*, tome X); et bientôt, après quelques discussions sans importance, la méthode de Lagrange avait complétement effacé la trace des travaux antérieurs, dont elle ne doit cependant pas nous faire perdre tout souvenir.

Vu et approuvé,
Le 4 mars 1856,
LE DOYEN DE LA FACULTÉ DES SCIENCES,
MILNE EDWARDS.

Permis d'imprimer,
Le 4 mars 1856,
LE VICE-RECTEUR DE L'ACADÉMIE DE PARIS,
CAYX.

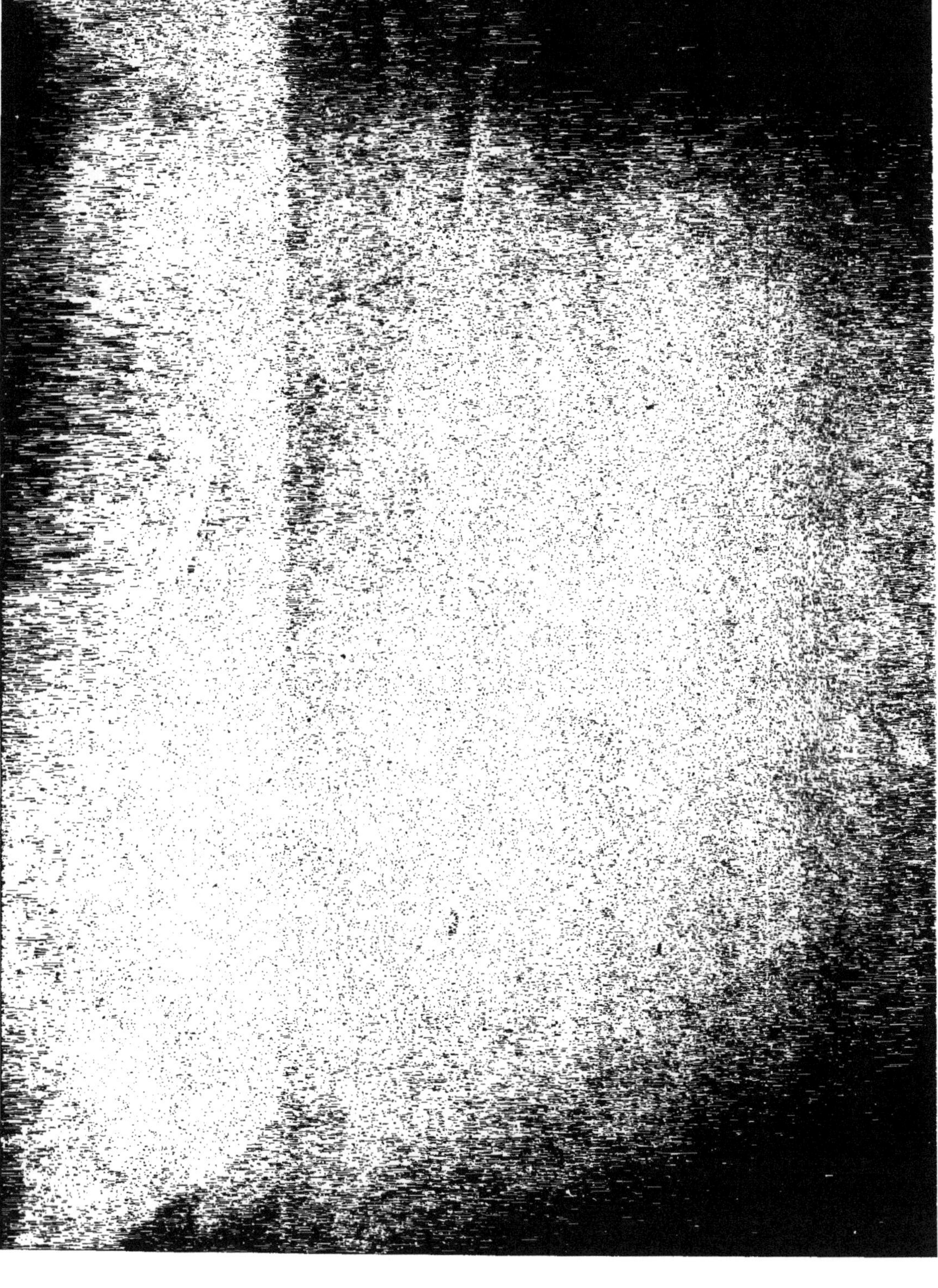

PARIS. — IMPRIMERIE DE GUIRAUDET ET JOUAUST

338, RUE SAINT-HONORÉ.

www.ingramcontent.com/pod-product-compliance
Ingram Content Group UK Ltd.
Pitfield, Milton Keynes, MK11 3LW, UK
UKHW021009200726
13857UKWH00004B/1364

9 782011 910530